Cultivo

de

Marihuana

Para Principiantes

LOS PASOS ESENCIALES PARA
CULTIVAR TU PROPIA MARIHUANA

Sophia Mendoza

Tabla de Contenidos

Introducción

Breve descripción de la industria de la marihuana y su popularidad

En los últimos años se ha producido un cambio significativo en el marco jurídico de la industria de la marihuana, así como en su imagen pública. En esta sección se describe brevemente la industria de la marihuana y se exploran las causas de su creciente popularidad. Examinaremos los factores cruciales que han dado forma a la industria y han contribuido a su creciente popularidad en todo el mundo, empezando por sus antecedentes históricos y concluyendo con la situación actual.

La historia de la marihuana se remonta a miles de años. Ha sido empleada por numerosas culturas de todo el mundo con fines terapéuticos, espirituales y recreativos. Sin embargo, debido a las fuerzas políticas y sociales de principios del siglo XX, la percepción contra la marihuana cambió. A través de leyes como la Marihuana Tax Act de 1937, Estados Unidos en particular contribuyó significativamente a la demonización del cannabis.

La posición legal de la marihuana ha experimentado una sorprendente transformación en los últimos años. Muchas naciones y estados han tomado medidas para despenalizar o legalizar la marihuana con fines médicos y/o recreativos. En 2013, Uruguay dio el primer paso, que luego fue imitado por varios estados de Estados Unidos, Canadá y otras naciones europeas. El sector de la marihuana se está expandiendo como resultado del cambiante entorno legal, que ha brindado oportunidades a empresarios, inversores y consumidores.

Sus potenciales beneficios terapéuticos son una de las principales razones por las que la marihuana es cada vez más popular. El dolor crónico, la epilepsia, la esclerosis múltiple y las náuseas inducidas por la quimioterapia son sólo algunos de los síntomas para cuyo tratamiento se ha demostrado la utilidad del cannabis. A medida que se profundiza en la investigación científica, surgen más pruebas a favor de los usos medicinales de la marihuana. Como resultado, los expertos médicos, los pacientes y el público en general la aceptan cada vez más.

Se ha formado una importante fuerza económica en el negocio de la marihuana. Al establecer un nuevo mercado, la legalización ha ayudado a los gobiernos a crear puestos de trabajo y recaudar dinero a través de los impuestos. El sector incluye una serie de subsectores, como la distribución, el comercio minorista, el procesamiento y el cultivo. Las ventas de marihuana legal solo en Estados Unidos alcanzaron los miles de millones de dólares en 2020, y se espera que el crecimiento del sector continúe. Empresarios, inversores y gobiernos que buscan aprovechar las posibilidades que ofrece la industria de la marihuana han tomado nota de este impacto económico.

La opinión pública sobre la marihuana ha cambiado drásticamente en los últimos años. Las ideas erróneas y los estereotipos que estaban muy extendidos en el pasado se han puesto en tela de juicio gracias a la acumulación de un creciente cuerpo de investigación y a las propias experiencias de primera mano de los individuos. A medida que aumenta la sensibilización sobre las ventajas potenciales de la marihuana, crece el apoyo a su legalización. Las historias de éxito de quienes han utilizado la marihuana medicinal para tratar sus dolencias también han contribuido a cambiar las percepciones y a reducir el estigma.

La industria de la marihuana ha fomentado el espíritu empresarial y la creatividad. Los empresarios están creando nuevas tecnologías, métodos de producción y fórmulas de productos en respuesta a la creciente demanda de productos derivados del cannabis. Como resultado, ha surgido una amplia variedad de productos que van más allá de fumar, como comestibles, concentrados, tópicos y otros. Inversores de riesgo y empresas consolidadas también han invertido en esta industria, fomentando aún más la innovación y la expansión.

La industria de la marihuana ha experimentado un crecimiento asombroso, pero sigue habiendo retos. Las empresas que participan en el sector se enfrentan a retos derivados de los marcos normativos, las limitaciones financieras y la incoherencia de los sistemas jurídicos de las distintas jurisdicciones. Además, las cuestiones de salud pública y la exigencia de un uso responsable siguen siendo factores cruciales. Sin embargo, a medida que más naciones y estados adoptan la liberalización de la marihuana, el futuro parece prometedor. La clave para mantener el crecimiento sostenible de la industria será la investigación, el aprendizaje y el comportamiento ético continuos.

Por último, puede decirse que la industria de la marihuana ha experimentado un cambio significativo, pasando de estar estigmatizada y prohibida a ser aceptada y reconocida por sus ventajas potenciales. El crecimiento de la industria se ha visto impulsado por la modificación del entorno legal, el aumento de las aplicaciones medicinales, las oportunidades económicas, los cambios en la opinión pública y la energía empresarial. Para aprovechar plenamente el potencial de la economía de la marihuana y, al mismo tiempo, dar prioridad a la salud y la seguridad públicas, es crucial que encontremos un equilibrio entre la regulación, el acceso y el uso responsable a medida que avanzamos.

Las ventajas de cultivar tu propia marihuana

El cultivo de marihuana se ha convertido en una práctica más común como resultado del cambiante panorama legal y el creciente interés en el cultivo de cannabis. Veremos las ventajas de cultivar tu propia marihuana en los siguientes párrafos. Exploraremos los beneficios de cultivar tus plantas de cannabis desde la semilla hasta la cosecha, desde el ahorro económico hasta el control de calidad y una relación más estrecha con la planta.

Cultivar tu propia marihuana tiene una serie de ventajas, entre ellas la posibilidad de ahorrar costes significativos. Puede resultar caro comprar marihuana en tiendas o distribuidores, sobre todo teniendo en cuenta los elevados impuestos que se aplican en algunas zonas. Puedes ahorrar mucho dinero a largo plazo cultivando tus propias plantas en lugar de comprar marihuana. Además, a medida que adquieras experiencia, podrás experimentar con diversas cepas y métodos, y posiblemente producir más cannabis para consumo personal a un coste menor.

La posibilidad de mantener el control sobre todo el proceso de cultivo, garantizando la mejor calidad del producto final, es otro argumento de peso para producir tu propia marihuana. Cuando cultivas tu propio cannabis, tienes el control total sobre las semillas o clones que eliges, el entorno en el que crecen y los métodos de cultivo utilizados. Con esta opción, puedes modificar el procedimiento para adaptarlo a tus necesidades y expectativas. Para mejorar el sabor, la potencia y la calidad general de tu cosecha, puedes utilizar técnicas de cultivo orgánicas o sostenibles, alejarte del uso de pesticidas o productos químicos peligrosos y poner en práctica tus propias tácticas.

Cuando cultivas tu propia marihuana, tienes la libertad de cultivar una variedad de cepas de cannabis que podrían no ser fácilmente accesibles en el mercado comercial. Los distribuidores suelen ofrecer una pequeña variedad de cepas, y su accesibilidad puede variar. Puedes estudiar y experimentar con una amplia gama de variedades de cannabis, incluyendo aquellas con perfiles únicos de terpenos, cannabinoides o terapéuticos, cultivando tus propias plantas. Puedes personalizar tu experiencia de cultivo y satisfacer tus preferencias y demandas únicas gracias a este acceso a una gran variedad de genéticas.

El cultivo de cannabis puede ayudarte a aprender cosas nuevas y a ampliar tus conocimientos y habilidades. Como cultivador, tienes la oportunidad de sumergirte de lleno en las complejidades del cultivo de cannabis mientras aprendes sobre horticultura, biología vegetal y las numerosas etapas de crecimiento. Podrás comprender mejor cómo influyen en el crecimiento de las plantas el medio ambiente, los nutrientes y los ciclos de luz. Con cada ciclo de cultivo adquieres conocimientos útiles y experiencia práctica que puedes poner en práctica en cultivos posteriores. Puedes convertirte en un entusiasta del cannabis más independiente adquiriendo conocimientos y habilidades que son personalmente gratificantes y poderosas.

Una experiencia que no se puede duplicar comprando marihuana de fuentes externas es la que se controla e individualiza mediante el cultivo casero. Puedes personalizar cada paso del proceso de producción a tu gusto, asegurando las cualidades precisas que deseas en tu cannabis. Puedes diseñar una experiencia que se adapte a tus efectos, sabores y aromas deseados eligiendo las cepas que más te gusten y ajustando el entorno de cultivo. Este grado de personalización le permite descubrir y apreciar las sutiles características de muchas variedades de cannabis, aumentando su satisfacción y disfrute general.

Cultivar una planta de cannabis desde la semilla hasta la cosecha genera un vínculo emocional y un respeto por la planta que es especial. Obtienes una mayor apreciación y comprensión de los retos que implica el cultivo de cannabis a medida que ves crecer y madurar tus plantas. Esta conexión puede mejorar tu relación general con la marihuana al fomentar la atención plena y un sentido de gratitud. Además, cultivar tu propia marihuana puede hacerte sentir orgulloso porque has participado en la creación de un producto natural que te hace feliz y te relaja.

Usted gana la capacidad de ser independiente y autosuficiente en su consumo de cannabis si cultiva su propia marihuana. Tienes la oportunidad de cultivar una fuente consistente y sostenible de marihuana, en lugar de depender de otras fuentes para tu suministro. Esta autosuficiencia ofrece tranquilidad, sobre todo cuando hay escasez de recursos o perturbaciones imprevistas en el mercado comercial. Además, como tienes el control total sobre el proceso de producción y puedes consumir tu cosecha en la intimidad de tu hogar, cultivar tu propia marihuana te permite mantener la discreción y la privacidad.

En conclusión, producir tu propia marihuana tiene muchas ventajas, desde el control de calidad y el ahorro de costes hasta el acceso a una amplia gama de cepas y el desarrollo profesional como cultivador. Para los entusiastas del cannabis, el cultivo casero es una alternativa deseable, ya que les permite adaptar el proceso de cultivo, aprender nuevas habilidades y formar un vínculo más estrecho con la planta. Cultivar tu propia marihuana puede ser una empresa satisfactoria y agradable, tanto si tus objetivos son el ahorro económico, una experiencia más individualizada o un mayor sentido de la autosostenibilidad.

Importancia de comprender las consideraciones jurídicas

Tener una sensibilización completa sobre las implicaciones legales del cultivo, la posesión y el consumo de marihuana es esencial dada la naturaleza rápidamente cambiante de la legislación sobre la marihuana en la actualidad. Esta sección examina la importancia de comprender los componentes legales de la marihuana, destacando la necesidad del cumplimiento, el comportamiento responsable y el conocimiento de las normativas locales.

Las personas pueden explorar el panorama de la marihuana de forma segura y responsable si comprenden y siguen el marco legal.

Para garantizar el cumplimiento de las leyes locales, regionales y federales, es fundamental comprender las cuestiones jurídicas que rodean a la marihuana. En lo que respecta al cultivo, las cantidades permitidas de posesión, los requisitos de licencia y las limitaciones de edad, las distintas jurisdicciones tienen leyes diferentes. Las personas pueden evitar consecuencias legales, como multas, sanciones o incluso cargos penales, informándose de las leyes específicas que se aplican en su localidad. Además de proteger a la gente de las consecuencias legales, el cumplimiento de la ley apoya la credibilidad y la integridad general de la industria de la marihuana.

Entender las consideraciones legales ayuda a promover la seguridad tanto individual como social en relación con el consumo de marihuana. Las normativas suelen abordar problemas como la conducción bajo los efectos del alcohol, el consumo en público y la restricción del acceso a los menores. Tomar decisiones que den prioridad a la seguridad requiere ser consciente de las limitaciones y obligaciones legales relacionadas con estas cuestiones. Las personas pueden contribuir a crear un entorno seguro para sí mismas y para la comunidad cumpliendo la ley, reduciendo los peligros relacionados con el abuso o la actividad ilegal.

Numerosas regiones están revisando rápidamente sus leyes sobre la marihuana para legalizarla y despenalizarla en distintos grados. Para comprender cómo afectarán estos cambios tanto a las personas como a la sociedad en general, es necesario mantenerse informado al respecto. Las personas están mejor preparadas para cumplir las nuevas leyes, aprovechar las posibilidades legales y adoptar un comportamiento ético cuando son conscientes de cómo está cambiando el sistema legal. Además, ser consciente de cómo están funcionando las campañas de legalización puede ayudar a la gente a implicarse en el activismo e influir en las leyes sobre la marihuana en sus comunidades.

La protección de las propias libertades y derechos comienza con la comprensión de la legislación sobre la marihuana. Las personas pueden ejercer su derecho a acceder a la marihuana medicinal, dedicarse al cultivo personal cuando esté permitido y luchar por sus derechos como consumidores responsables conociendo las normas. Entender el sistema legal permite a las personas actuar como consumidores informados, tomar decisiones sabias y proteger su libertad y privacidad mientras permanecen dentro de los límites de la ley.

Nunca se insistirá lo suficiente en la importancia de comprender las implicaciones legales para las personas que desean entrar en la industria de la marihuana. Aspectos como la concesión de licencias, los permisos, las normas de zonificación y las normas de seguridad de los productos se rigen por reglamentos. Para poner en marcha un negocio de cannabis fiable y próspero, el cumplimiento de estas normas reguladoras es crucial. Los empresarios pueden gestionar la complejidad del mercado, reducir los riesgos y preparar sus empresas para el éxito a largo plazo si comprenden a fondo el entorno legal.

Las consideraciones legales de la marihuana trascienden las fronteras nacionales. Dado que las leyes que rigen la marihuana varían de un país a otro, participar en actividades como el comercio internacional o viajar con marihuana puede acarrear penas severas. Para las personas que viajan al extranjero o participan en actividades transfronterizas, es esencial comprender las leyes que rigen el consumo y la posesión de marihuana en las distintas naciones. Las personas pueden evitar enredos legales y posibles dificultades al cruzar fronteras respetando y acatando las normas internacionales.

Los individuos pueden participar activamente en campañas de sensibilización y contribuir a la reforma de la política sobre la marihuana siendo conscientes de las implicaciones legales. Los individuos pueden abogar por el cambio y participar en el proceso democrático identificando los lugares en los que puede ser necesario mejorar las normas. Para garantizar que la legislación sobre la marihuana satisfaga las necesidades y los objetivos de la comunidad y fomente un uso responsable, es esencial una defensa informada.

De acuerdo con el cambiante panorama jurídico actual, es crucial comprender las implicaciones legales de la marihuana. Hay muchas razones importantes para estar bien informado sobre el sistema legal, incluyendo el cumplimiento de la ley, la seguridad personal y pública, navegar por la legalidad, defender los derechos individuales, explotar las posibilidades de negocio, tener en cuenta las implicaciones internacionales, y participar en el activismo. Las personas pueden beneficiarse de la marihuana de forma responsable y legal conociendo las leyes y cumpliéndolas, y también pueden fomentar el desarrollo de una cultura de la marihuana segura, controlada y socialmente aceptable.

Capítulo I

Entender la marihuana

Conceptos básicos sobre la marihuana: Qué es y sus diferentes cepas

El cannabis, popularmente conocido como marihuana, ha recibido mucha atención últimamente como resultado de los cambios en el panorama legal y el aumento de la curiosidad sobre sus muchos usos potenciales. En los párrafos siguientes se tratarán los fundamentos de la marihuana, incluyendo su definición, componentes y técnicas de consumo. También nos adentraremos en el concepto de las variedades y veremos en qué se diferencian las cepas índica, sativa e híbrida. Para cualquiera que desee explorar el vasto mundo de la marihuana y tomar decisiones informadas sobre su consumo, es esencial comprender estos principios.

Las flores, hojas, tallos y semillas secas de la planta de cannabis se denominan marihuana. Contiene diversos elementos químicos, como flavonoides, terpenos y cannabinoides. El tetrahidrocannabinol (THC) y el cannabidiol (CBD), los dos cannabinoides más conocidos, tienen cada uno efectos únicos y posibles ventajas terapéuticas. Los seres humanos han utilizado la marihuana con fines recreativos, terapéuticos y espirituales durante miles de años.

El cannabis contiene componentes químicos conocidos como cannabinoides, que interactúan con el sistema endocannabinoide del cuerpo para producir una variedad de efectos. Los efectos psicoactivos de la marihuana, que incluyen euforia, relajación y alteración de la percepción, son causados predominantemente por el THC. Por el contrario, el CBD carece de efectos euforizantes y se le atribuyen propiedades medicinales, como la capacidad de reducir el dolor y tener efectos antiinflamatorios y ansiolíticos. El cannabinol (CBN) y el cannabigerol (CBG), otros dos cannabinoides, también contribuyen a los efectos generales de la marihuana.

Dependiendo de las preferencias y los efectos deseados, la marihuana se puede consumir de diversas formas. Las técnicas más populares son fumar, vaporizar, ingerir (comestibles) y aplicar tópicamente. Inhalar humo de marihuana implica quemar flores de marihuana. Cuando se vaporiza el cannabis, el material vegetal o el concentrado se calienta a una temperatura que hace que los cannabinoides se liberen sin combustión, dando lugar a un vapor inhalado. El consumo de comestibles implica ingerir alimentos con infusión de marihuana, como caramelos o productos horneados, que el cuerpo metaboliza para generar efectos. Las cremas, lociones y aceites utilizados por vía tópica para tratar una zona específica de la piel se denominan aplicaciones tópicas.

La palabra " cepas de marihuana " se refiere a muchos tipos de plantas de cannabis que tienen patrones de crecimiento, composiciones químicas, sabores y efectos fisiológicos únicos. Indica y sativa son las dos categorías principales de cepas, siendo las cepas híbridas una combinación de ambas.

Las cepas índica suelen tener efectos calmantes y sedantes. Son famosas por su capacidad para inducir serenidad, aliviar el dolor y relajar físicamente. Las plantas Indica suelen tener tallos más grandes, más tupidos y más cortos. Los olores y aromas de las variedades índicas suelen ser terrosos, almizclados y, en ocasiones, dulces.

En general, las variedades sativa son conocidas por sus efectos estimulantes y energéticos. Son famosas por fomentar la creatividad, la euforia y la estimulación mental. Las hojas de las plantas sativa son más estrechas y altas. Las variedades sativa pueden tener sabores y fragancias que van desde el afrutado y alimonado hasta el picante y medicinal.

Para producir distintas combinaciones de efectos, las plantas índica y sativa se cruzan para generar variedades híbridas. Dependiendo de la genética concreta de que se trate, las variedades híbridas pueden presentar una amplia gama de características. Pueden proporcionar adaptabilidad y personalización al lograr un equilibrio entre los efectos calmantes y energizantes de las variedades índica y sativa.

Los terpenos son sustancias aromáticas que están presentes en la marihuana y son responsables de algunos de los olores, aromas y posibles efectos de ciertas cepas. Son los encargados de producir la gran variedad de olores que pueden encontrar los consumidores de marihuana, entre ellos cítricos, pino, lavanda y diesel. Los terpenos y los cannabinoides colaboran para mejorar o alterar los efectos generales y las posibles ventajas médicas de la planta.

Es importante recordar que la reacción de cada persona a la marihuana puede variar en función de su tolerancia, fisiología y preferencias. La cepa, la dosis, la técnica de ingestión, el set y el entorno son sólo algunos ejemplos de variables que pueden influir en los efectos que se sienten. A algunas personas les pueden gustar las variedades que favorecen la relajación, mientras que a otras les pueden gustar las que estimulan la creatividad. Encontrar las variedades y técnicas de consumo que se corresponden con los efectos y experiencias deseados requiere experimentación y autodescubrimiento.

En conclusión, la marihuana ofrece un panorama amplio y variado para la investigación y el consumo debido a sus numerosas cepas y componentes. Las personas que tienen una comprensión fundamental de la marihuana, incluyendo su definición, cannabinoides, técnicas de ingestión y diversas cepas, están mejor equipadas para tomar decisiones sobre sus experiencias con la marihuana. El mundo de las variedades de marihuana tiene algo que ofrecer a todo el mundo, permitiendo a las personas personalizar su consumo según sus preferencias y necesidades particulares, tanto si buscan la reducción del dolor, la relajación, la creatividad u otros beneficios terapéuticos.

Los efectos de la marihuana y sus propiedades medicinales

El cannabis, conocido popularmente como marihuana, se utiliza desde hace mucho tiempo con fines religiosos, terapéuticos y recreativos. En los últimos años se ha prestado cada vez más atención a la comprensión de los efectos de la marihuana y sus posibles beneficios medicinales. Esta sección examina el impacto de la marihuana tanto en la mente como en el cuerpo, así como sus beneficios terapéuticos. Podemos apreciar el potencial de la planta para aliviar una serie de dolencias médicas aprendiendo más sobre estos efectos.

El tetrahidrocannabinol (THC), una sustancia psicoactiva que se encuentra en la marihuana, es la causa principal de las conocidas propiedades de alteración mental de la planta. El THC interactúa con los receptores cannabinoides del cerebro cuando se ingiere, provocando una serie de alteraciones cognitivas y perceptivas. La euforia, la relajación, la alteración de la percepción del tiempo, una mayor creatividad y la mejora de las habilidades sociales son sólo algunos ejemplos de estos efectos. Dependiendo de la variedad, la dosis y elementos individuales como la tolerancia y la mentalidad, la experiencia específica puede cambiar.

La marihuana es conocida por sus posibles usos terapéuticos, además de por su uso para el disfrute. Numerosos cannabinoides presentes en la planta, entre ellos el THC y el cannabidiol (CBD), interactúan con el sistema endocannabinoide del organismo, encargado de controlar una serie de funciones fisiológicas. Esta relación crea la posibilidad de obtener ventajas terapéuticas para diversos trastornos médicos.

La capacidad de la marihuana para aliviar el dolor es uno de sus beneficios médicos más conocidos. Tanto el THC como el CBD han demostrado su potencial para reducir el dolor crónico provocado por enfermedades como el dolor neuropático, la esclerosis múltiple y la artritis. Se cree que la capacidad del cannabis para modular las señales del dolor e interactuar con el sistema endocannabinoide es la causa de sus efectos analgésicos.

Se sabe desde hace tiempo que el cannabis disminuye las náuseas y los vómitos, especialmente en pacientes con cáncer que reciben quimioterapia. Tanto el THC como el CBD tienen propiedades antieméticas que pueden reducir las náuseas provocadas por la quimioterapia y mejorar la calidad de vida de los pacientes de cáncer.

Para las personas que están perdiendo el apetito debido a enfermedades como el cáncer, el VIH/SIDA o trastornos de la alimentación, la capacidad de la marihuana para aumentar el apetito, también conocido como "el munchies", puede ser útil. El THC, que interactúa con las regiones del cerebro que controlan el apetito, es la principal sustancia responsable de este efecto.

El cannabis ha demostrado ser prometedor en el tratamiento de los síntomas de afecciones neurológicas como la epilepsia, la esclerosis múltiple y la enfermedad de Parkinson. En particular, el CBD ha demostrado tener cualidades anticonvulsivantes y ha sido autorizado como tratamiento para varias formas de epilepsia. Además, las propiedades antiinflamatorias y neuroprotectoras de la marihuana pueden ayudar con los síntomas de la enfermedad de Parkinson y la esclerosis múltiple.

El impacto de la marihuana en muchos problemas de salud mental es complejo y varía en función del usuario, sus circunstancias y la variedad que consuma. El CBD ha demostrado su potencial para reducir la ansiedad y moderar los efectos del THC, mientras que el THC se ha relacionado con un mayor riesgo de ansiedad, paranoia y psicosis en algunas personas. Aún se están llevando a cabo investigaciones para determinar las mejores formas de tratar enfermedades mentales como la ansiedad, la depresión y el trastorno de estrés postraumático (TEPT) con diversos cannabinoides y variedades de cannabis.

Debido a sus propiedades calmantes y sedantes, la marihuana puede ser una alternativa para las personas que luchan contra los trastornos del sueño, incluido el insomnio. Algunas cepas, especialmente las que tienen un alto contenido de CBD, han demostrado ser prometedoras para mejorar la calidad del sueño y acelerar el proceso de conciliar el sueño.

Aunque la marihuana puede tener beneficios medicinales, es crucial pensar en los posibles inconvenientes o restricciones. Los efectos secundarios típicos de la marihuana son los labios secos, la frecuencia cardíaca elevada, la falta de coordinación y la pérdida de memoria a corto plazo. Las respuestas individuales a la marihuana también pueden variar, y algunas personas pueden experimentar ansiedad, paranoia u otros efectos secundarios negativos. Cuando se contempla el uso de la marihuana con fines medicinales, es crucial enfocarlo adecuadamente, empezar con cantidades mínimas y consultar con profesionales médicos.

En diferentes países y estados, la marihuana es legal en alguna de sus formas. Es fundamental entender las normas y restricciones que rigen el uso de la marihuana y la disponibilidad en su área en particular. Cada vez son más las naciones y jurisdicciones que legalizan la marihuana para uso médico, lo que permite a los pacientes que cumplen los requisitos obtener la droga bajo ciertas restricciones.

IEn conclusión, la marihuana tiene una variedad de efectos sobre la mente y el cuerpo, que van desde alucinógenos hasta posiblemente medicinales. El sistema endocannabinoide del cuerpo interactúa con los cannabinoides de la planta, especialmente el THC y el CBD, proporcionando tratamiento para una variedad de dolencias médicas que incluyen dolor crónico, náuseas, pérdida de apetito, enfermedades neurológicas y trastornos del sueño. Sin embargo, es crucial entender que cada persona reaccionará de manera diferente, y el uso responsable es de suma importancia. Los efectos de la marihuana y sus posibles usos médicos seguirán comprendiéndose mejor a medida que se realicen más investigaciones, lo que abrirá nuevas puertas al alivio y el bienestar.

Conceptos erróneos y mitos comunes sobre la marihuana

El cannabis, popularmente conocido como marihuana, ha sido durante mucho tiempo objeto de ideas erróneas y controversia. Es fundamental abordar y disipar las ideas erróneas y falsedades más comunes sobre la marihuana a medida que cambian las opiniones y las restricciones legales sobre ella. Para fomentar una mejor comprensión de los efectos, usos y riesgos potenciales de la marihuana, en los párrafos siguientes examinaremos y disiparemos algunos de los mitos que con más frecuencia se asocian a ella.

Una de las ideas erróneas más persistentes sobre la marihuana es que actúa como droga de iniciación, animando a los consumidores a experimentar con drogas más arriesgadas. Sin embargo, numerosas investigaciones han desmentido esta afirmación. La mayoría de los consumidores de marihuana no pasan a consumir sustancias más peligrosas. Dado que muchas personas que consumen drogas más potentes pueden haber mostrado factores de riesgo o predisposición antes de consumir marihuana, la idea de que la marihuana sirve como droga de iniciación suele basarse más en la correlación que en la causalidad.

Otro concepto erróneo muy extendido es que la marihuana daña el cerebro de forma permanente, especialmente en los jóvenes.

Aunque los grandes consumidores de marihuana a largo plazo pueden tener efectos temporales en la función cognitiva, no hay pruebas científicas que apoyen la idea de que se han producido daños cerebrales irreversibles. Según las investigaciones, los déficits cognitivos relacionados con la marihuana pueden revertirse y a menudo mejoran con la abstinencia.

Se cree erróneamente que el cannabis es altamente adictivo y que fomenta la dependencia de sustancias. Aunque algunas personas que consumen marihuana desarrollan una dependencia psicológica de ella, en comparación con drogas como la nicotina o los opiáceos, la marihuana tiene unos índices de adicción mucho más bajos. La probabilidad de ser adicto varía en función de variables como la frecuencia de consumo, la vulnerabilidad personal y la predisposición genética. La mayoría de los consumidores de marihuana no llegan a padecer un trastorno por consumo de sustancias.

Muchas personas creen que todas las variedades de marihuana son iguales y que todos los productos del cannabis tienen los mismos beneficios. Sin embargo, las cantidades de THC, CBD y otros cannabinoides, así como los perfiles de terpenos, pueden diferir significativamente entre las cepas de marihuana. Estas variaciones contribuyen a los diversos efectos, sabores y posibles cualidades medicinales de las distintas cepas. La gente puede elegir sabiamente en función de sus preferencias y los resultados previstos cuando son conscientes de la variedad de cepas.

Aunque existen riesgos asociados al consumo de marihuana, es un mito que éstos sean siempre perjudiciales para la salud. Los efectos del consumo de marihuana sobre la salud pueden variar en función de aspectos como la frecuencia, la forma, la dosis y los rasgos personales. Para la mayoría de las personas sanas, el consumo moderado y prudente de marihuana suele considerarse relativamente libre de riesgos; sin embargo, el consumo excesivo y prolongado puede estar relacionado con peligros cada vez mayores.

Algunas personas piensan erróneamente que la marihuana es una medicina universal que puede curar cualquier enfermedad o afección. A pesar de que la marihuana puede tener beneficios medicinales, no es una cura universal. Dependiendo de la dolencia exacta, la respuesta del paciente, y el equilibrio de la cepa de cannabinoides y otras sustancias, la eficacia terapéutica de la marihuana varía. Reconociendo que se debe buscar consejo médico para dolencias específicas y que la marihuana debe ser utilizada como una opción terapéutica complementaria o alternativa.

Otra creencia errónea es la idea de que la marihuana sólo se puede consumir fumándola. Aunque fumar es una forma común de consumirla, también hay muchas otras opciones. Entre ellas se encuentran los tratamientos tópicos, los aerosoles sublinguales, la ingesta oral (comestibles y tinturas) y la vaporización. Cada técnica tiene sus propias ventajas, como menos riesgos para la salud o efectos más prolongados, lo que permite a la gente seleccionar la técnica que mejor se adapte a sus preferencias y necesidades.

Existe la idea errónea de que la legalización de la marihuana se traduce inevitablemente en un mayor consumo, sobre todo entre los jóvenes. Sin embargo, las investigaciones realizadas en regiones donde la marihuana está permitida para uso recreativo o medicinal desmienten esta afirmación. La influencia general sobre las tasas de consumo de marihuana suele ser insignificante o pequeña, a pesar de la posibilidad de que se produzcan breves aumentos del consumo tras la legalización. Los posibles efectos negativos de la legalización pueden reducirse significativamente mediante iniciativas de regulación y educación.

En conclusión, desmentir los mitos y conceptos erróneos sobre la marihuana es crucial para promover debates y normativas sensatas en torno a su uso. Podemos difundir conocimientos precisos sobre los efectos de la marihuana, sus aplicaciones y posibles problemas disipando estas ideas erróneas. Para construir un conocimiento equilibrado sobre la marihuana y su papel en la sociedad, es crucial basar las conversaciones y las decisiones en hechos científicos.

Capítulo II

Consideraciones Jurídicas y Éticas

Leyes y normativas sobre el cultivo de marihuana

A medida que las percepciones en torno a la planta siguen cambiando, el cultivo de marihuana ha atraído mucha atención legal y normativa en los últimos años. En esta sección se analiza el marco jurídico del cultivo de marihuana, prestando especial atención a las diversas técnicas que siguen las distintas jurisdicciones. La gente puede manejar las normas y obligaciones que conlleva el cultivo legal de marihuana si se está sensibilizado con el entorno legal.

Diferentes naciones y áreas tienen diferentes leyes de producción de marihuana, que van desde prohibiciones absolutas a diferentes niveles de legalidad. Mientras que otras jurisdicciones han implementado sistemas de regulación exhaustivos que permiten tanto la producción médica como la recreativa, algunas han despenalizado la posesión y el cultivo de pequeñas cantidades para uso personal.

Numerosos países y estados han aprobado leyes que permiten el cultivo de marihuana con fines médicos. Estas normativas suelen exigir que las personas obtengan una receta o recomendación médica de un proveedor de atención sanitaria autorizado. Los procedimientos de licencia y registro se utilizan con frecuencia en las iniciativas de producción de marihuana medicinal para garantizar el cumplimiento de las normas de control de calidad y la seguridad del paciente.

Las personas pueden cultivar marihuana para su propio consumo o como parte de un mercado comercial controlado en zonas donde se ha autorizado su uso recreativo. Sin embargo, existen muchas normas y limitaciones diferentes en relación con los límites de cultivo, la concesión de licencias y el cumplimiento de las normas. En algunos lugares se puede cultivar un pequeño número de plantas para uso personal, pero en otros está prohibida la producción comercial.

Una licencia o permiso es esencial en los lugares donde se permite el cultivo comercial de marihuana. Para obtener una licencia, normalmente hay que rellenar una solicitud, pagar tasas y cumplir una serie de condiciones, como medidas de seguridad, programas de seguimiento y normas medioambientales. El objetivo de la concesión de licencias es garantizar que las operaciones de cultivo se lleven a cabo de forma legal, segura y responsable.

Muchos gobiernos imponen restricciones a la cantidad de plantas que pueden cultivar los particulares o las empresas comerciales para evitar el uso indebido y preservar el control del mercado. Dependiendo de si el cultivo se realiza para uso privado o con fines lucrativos, estas restricciones pueden cambiar. Para evitar implicaciones legales, los cultivadores deben ser conscientes de estas restricciones y respetarlas.

Los lugares de cultivo de cannabis suelen estar determinados por las leyes locales de zonificación. Es posible clasificar algunos lugares como apropiados para el cultivo mientras se implementan limitaciones o prohibiciones en otras regiones. Las leyes de zonificación pueden tener en cuenta aspectos como la proximidad de un lugar a zonas sensibles como viviendas, escuelas y zonas residenciales. Para garantizar que las operaciones de cultivo se lleven a cabo en los lugares adecuados, deben respetarse las normas de zonificación.

A menudo se requieren precauciones de seguridad debido al valor potencial de las cosechas de marihuana para evitar robos y desvíos. Para preservar sus cosechas y cumplir la ley, los cultivadores pueden verse obligados a implementar sistemas de vigilancia, instalaciones de almacenamiento seguras y otras medidas. Con el fin de rastrear el movimiento de las plantas de marihuana y los bienes a lo largo de la cadena de suministro, también se pueden implementar sistemas de seguimiento.

La gestión del agua, la energía y los residuos puede verse afectada por el cultivo de marihuana en el medio ambiente. La normativa puede exigir a los cultivadores que adopten medidas sostenibles, como la conservación del agua, la iluminación de bajo consumo y la eliminación adecuada de los residuos, con el fin de reducir estos efectos. Para garantizar que las operaciones de cultivo se lleven a cabo de forma respetuosa con el medio ambiente, es esencial cumplir las normas medioambientales.

Las pruebas de potencia, pureza y contaminantes de los productos de marihuana se realizan con frecuencia en países con mercados regulados bajo la dirección de las normas de control de calidad. Para verificar la conformidad con determinadas normas, los cultivadores pueden verse obligados a someter sus productos a pruebas en laboratorios autorizados. Estas pruebas contribuyen a proteger la seguridad de los consumidores y garantizan que los artículos cumplen las normas de calidad establecidas.

En su mayor parte, los gobiernos y los organismos reguladores disponen de medidas para garantizar el cumplimiento de las normas y reglamentos de cultivo. En caso de incumplimiento, pueden imponerse sanciones, multas e incluso cargos penales. Para evitar consecuencias legales, los cultivadores deben estar al día de los cambios legislativos, llevar registros precisos y cumplir todas las normas pertinentes.

En conclusión, las leyes y normas que rigen el cultivo de marihuana reflejan la cambiante percepción de la planta y la necesidad de encontrar un equilibrio entre las necesidades del público en general, la seguridad personal y los derechos individuales. El entorno jurídico varía según las jurisdicciones, desde los programas de producción de marihuana con fines médicos hasta los mercados recreativos controlados. Comprender y cumplir los requisitos precisos, como la concesión de licencias, el recuento de plantas, las precauciones de seguridad, las restricciones medioambientales y las normas de control de calidad, es esencial para las personas y empresas que se dedican al cultivo de marihuana. Los cultivadores pueden asegurarse de que sus operaciones se llevan a cabo correctamente y de conformidad con el marco jurídico vigente acatando estas normas y reglamentos.

Obtener los permisos y licencias necesarios

Obtener los permisos y licencias necesarios se ha convertido en algo esencial para las personas y empresas que desean introducirse en el sector del cannabis, que sigue expandiéndose y evolucionando. El cannabis está legalizado y regulado de forma diferente en los distintos lugares, por lo que es importante comprender las normas particulares de cada lugar. Esta sección examina el procedimiento de adquisición de permisos y licencias para las empresas de cannabis, haciendo hincapié en el valor del cumplimiento y ofreciendo sugerencias para navegar por el complejo entorno normativo.

Antes de iniciar el proceso de obtención de permisos y licencias, es esencial conocer a fondo el marco normativo por el que se rigen los negocios relacionados con el cannabis en una jurisdicción determinada. Esto implica examinar las normas y reglamentos locales, estatales/provinciales y federales que se aplican al cultivo, procesamiento, distribución y venta al por menor de cannabis.

Dependiendo de la naturaleza de la operación y de las actividades implicadas, pueden ser necesarios diferentes tipos de permisos y licencias. Entre los permisos y licencias más frecuentes se incluyen:

a. **Licencia de Cultivo:** Los titulares de esta licencia pueden cultivar plantas de cannabis para uso personal o comercial. A menudo se trata del cumplimiento de requisitos particulares de cultivo, precauciones de seguridad y normativas medioambientales.

b. **Licencia de Procesamiento:** Quienes transforman cannabis sin procesar en productos como aceites, comestibles, concentrados y tópicos necesitan una licencia de procesamiento. Las licencias de procesamiento pueden estar sujetas a criterios específicos en materia de pruebas de productos, control de calidad y procedimientos de fabricación.

c. **Licencia de Venta al por menor:** Para dirigir un dispensario de cannabis o un negocio de venta al por menor, debe tener una licencia de venta al por menor. Esta licencia implica la adhesión a las leyes de zonificación, las normas de seguridad, los procedimientos de verificación de la edad y la supervisión de las ventas.

Las solicitudes de permisos y licencias pueden ser procesos difíciles y complejos. A menudo se requiere información exhaustiva sobre la empresa, como la estructura de propiedad, los registros financieros, los planes de seguridad, los procedimientos normalizados de trabajo y los sistemas de seguimiento de inventarios. A los solicitantes se les puede pedir documentación como estrategias de la empresa, planos de la planta, planos de las cámaras de seguridad, procedimientos de ensayo de los productos y verificación de los antecedentes del personal. La solicitud debe cumplimentarse correctamente, asegurándose de que toda la información necesaria se presenta con exactitud y de acuerdo con las normas.

Mantener los permisos y licencias para las operaciones de cannabis depende fundamentalmente del cumplimiento de las leyes. Esto incluye el cumplimiento de las políticas de seguridad, los procedimientos de garantía de calidad, las leyes medioambientales y las normas de información. Para hacer un seguimiento de las actividades, conservar los registros de inventario correctos y demostrar el cumplimiento durante las inspecciones o auditorías, es esencial desarrollar buenos procedimientos de conservación de documentos.

Para las empresas de cannabis, la obtención de licencias y permisos puede resultar muy cara. Además del coste de la solicitud, puede haber que pagar fianzas, seguros, sistemas de seguridad y mejoras en las instalaciones para cumplir las normas reglamentarias. La planificación debe tener en cuenta los recursos financieros necesarios para cubrir estos gastos.

Para obtener permisos y licencias, en algunas jurisdicciones puede ser necesaria la participación y el apoyo de la comunidad. Esto puede implicar la cooperación de las autoridades regionales o las asociaciones de vecinos, así como consultas públicas y la participación de la comunidad. Crear una buena relación con el área local puede ayudar a que el proceso de solicitud y las operaciones en curso se desarrollen sin problemas.

Para mantener la validez de los permisos y licencias una vez concedidos, es esencial seguir cumpliendo las leyes. Para ello, pueden ser necesarias inspecciones periódicas, la obligación de presentar informes y la adhesión a normas o modificaciones en evolución. Puede ser necesario renovar periódicamente los permisos y licencias, que corren el riesgo de ser revocados o no renovados si no se cumplen las normas reglamentarias.

En conclusión, obtener los permisos y licencias necesarios es un primer paso importante para las personas y empresas que desean entrar en la industria del cannabis. Requiere una comprensión completa de la estructura reguladora, una realización meticulosa de las solicitudes, un cumplimiento continuo de la normativa y una documentación cuidadosa. Los propietarios de negocios de cannabis pueden desarrollar operaciones legítimas y conformes que apoyen la expansión y sostenibilidad de la industria negociando el complejo sistema de permisos y licencias.

Uso responsable de la marihuana y consideraciones éticas

Es importante destacar el uso responsable y tener en cuenta las consideraciones éticas relacionadas con el consumo de marihuana a medida que se generaliza su disponibilidad y aceptación en diferentes países. Comprender los efectos de la marihuana, respetar la ley y ser consciente de los riesgos potenciales forman parte del uso responsable de la marihuana. Esta sección aborda la idea del consumo responsable de marihuana y subraya consideraciones éticas cruciales para quienes deciden consumirla.

El primer paso para consumir marihuana de forma responsable es informarse sobre la planta, sus efectos y cualquier posible preocupación. Para elegir con conocimiento de causa es necesario conocer a fondo las variaciones de las cepas, los métodos de consumo y las dosis. La gente puede adquirir un conocimiento profundo de la marihuana consultando fuentes de información creíbles, como expertos médicos, estudios académicos y respetadas plataformas de educación sobre el cannabis.

El cumplimiento estricto de las leyes que rigen la compra, posesión, cultivo y consumo de marihuana es necesario para un uso responsable de la misma. Las leyes varían de una jurisdicción a otra, por lo que es fundamental mantenerse al día de los cambios y cumplir las ordenanzas locales. Esto incluye las limitaciones sobre técnicas de cultivo, zonas de consumo y restricciones de edad. Respetar y acatar estas normativas no sólo garantiza el propio cumplimiento, sino que también contribuye a la legitimidad general de la industria del cannabis y a una percepción pública favorable.

Dado que cada persona se ve afectada por la marihuana de forma diferente, el consumo adecuado implica comprender y establecer límites personales. Es posible evitar el consumo excesivo y los riesgos que conlleva siendo consciente de la propia tolerancia, los efectos deseados y las reacciones probables. Limitar la cantidad, la frecuencia y la potencia del consumo de marihuana fomenta la moderación y previene la adicción u otros efectos nocivos para la salud física o mental.

Los efectos sobre los demás también se tienen en cuenta a la hora de consumir marihuana de forma responsable, además de las consideraciones personales. Es esencial ser consciente de las preferencias y los niveles de comodidad de los que te rodean. Esto implica fumar marihuana en lugares aceptables, respetar las zonas de no fumadores y mostrar consideración por las personas a las que el humo o el olor de la marihuana no les resulte agradable o benéfico. Respetar a los demás ayuda a vivir en armonía a los consumidores responsables y a los que no consumen cannabis o tienen opiniones diferentes sobre el cannabis.

Es crucial elegir prácticas de consumo seguras y responsables para reducir cualquier peligro potencial del consumo de marihuana. Aunque es una práctica muy extendida, fumar tiene riesgos intrínsecos para la salud, especialmente para el sistema respiratorio. Examinar opciones menos peligrosas para la ingestión incluye experimentar con la vaporización, los comestibles y las tinturas. Los consumidores responsables de marihuana también deben ser conscientes de las posibles interacciones de la droga cuando la mezclan con otras sustancias y deben buscar consejo médico si es necesario.

Comprender y seguir las normas y reglamentos relativos a la conducción bajo los efectos del alcohol forman parte del consumo responsable de marihuana. Al igual que conducir bajo los efectos del alcohol, conducir drogado presenta graves riesgos tanto para el conductor como para los demás usuarios de la carretera. Respetar los límites legales, designar conductores sobrios o utilizar otro medio de transporte cuando se está intoxicado es vital. Los empleados deben respetar las normas sobre marihuana de sus empleadores, teniendo también en cuenta los posibles efectos sobre el rendimiento, la seguridad y la reputación en el lugar de trabajo.

Las consideraciones éticas del consumo responsable de marihuana también incluyen la reducción de los efectos negativos sobre el medio ambiente. La energía, el agua y la producción de residuos son sólo algunos de los efectos ecológicos que pueden derivarse de las actividades agrícolas. Los usuarios responsables con el medio ambiente deberían priorizar, fomentar y emplear tecnologías eficientes desde el punto de vista energético, así como técnicas de gestión del agua y los residuos que sean respetuosas con el medio ambiente. También se puede lograr un enfoque más ético del consumo de marihuana comprando productos de cultivadores que hagan hincapié en la sostenibilidad y la reducción de los residuos de envases.

El desarrollo de la industria del cannabis ofrece la oportunidad de abordar cuestiones de equidad social y de rectificar los errores causados anteriormente por la criminalización de la marihuana. Las empresas que dan prioridad a las actividades de equidad social, como las que apoyan a las poblaciones desfavorecidas, fomentan la diversidad y la inclusión, y participan activamente en proyectos de reforma de la justicia social, podrían recibir el apoyo de los usuarios responsables. Los usuarios responsables de marihuana pueden ayudar a crear una economía más justa e inclusiva defendiendo activamente la equidad social.

En algunas circunstancias, obtener asesoramiento profesional puede ayudar a las personas a consumir marihuana de forma responsable. Basándose en el estado de salud actual de una persona, su historial médico y sus necesidades específicas, los profesionales de la medicina, especialmente los que están informados sobre el cannabis, pueden ofrecer opiniones, consejos y sugerencias acertadas. Trabajar con un experto sanitario puede garantizar que la marihuana se incorpore de forma responsable a los programas de tratamiento actuales y reducir los riesgos o posibles conflictos.

Consumir marihuana de forma responsable, por tanto, incluye algo más que cumplir la ley; también implica conocer la planta, establecer límites para uno mismo, tener en cuenta los sentimientos de los demás y dar prioridad a las cuestiones éticas. Las personas pueden consumir marihuana de una forma que priorice la seguridad, el respeto a los demás y la sostenibilidad educándose a sí mismas, cumpliendo la ley, consumiendo de forma responsable y fomentando las prácticas éticas. Al tiempo que se mantiene el bienestar de la persona y se tienen en cuenta los factores sociales, el consumo responsable promueve el desarrollo y la aceptación del sector del cannabis.

Capítulo III

Preparar el Espacio de Cultivo

Cultivo en interior vs. cultivo en exterior: Pros y contras

La toma de decisiones entre cultivar marihuana en interior o exterior es un proceso que tienen los cultivadores de marihuana, y cada uno tiene sus pros y sus contras. Mientras que el cultivo en exterior aprovecha la fuerza del medio ambiente, el cultivo en interior ofrece a los cultivadores un mayor control sobre los parámetros ambientales. Esta sección explora las diferencias entre las técnicas de cultivo de interior y exterior con el fin de ayudar a los cultivadores a tomar decisiones informadas basadas en sus necesidades y situación únicas.

El cultivo de interior es el proceso de cultivar marihuana en un espacio completamente cerrado, normalmente dentro de un armario o habitación de cultivo. Este método tiene las siguientes ventajas:

Los cultivadores pueden gestionar con precisión la temperatura, la humedad y las condiciones de iluminación cuando cultivan en interior. Esta gestión permite cultivar plantas durante todo el año, independientemente del tiempo que haga en el exterior, lo que garantiza un crecimiento constante y un desarrollo ideal de las plantas.

Los cultivadores pueden reducir el riesgo de plagas e infecciones cultivando en interior. Las infestaciones y los brotes de enfermedades son menos probables porque las medidas preventivas como la esterilización, la filtración del aire y las estrictas normas de higiene son más fáciles de aplicar en un entorno controlado.

En comparación con el cultivo exterior, el cultivo interior ofrece un mayor nivel de protección y privacidad. Los cultivadores pueden restringir el acceso, establecer medidas de seguridad y evitar robos o entradas ilegales gracias al entorno cerrado.

Para proporcionar a las plantas la mejor intensidad de luz posible durante todo su ciclo vital, los cultivadores pueden utilizar luces de cultivo de alta intensidad y ajustar los horarios de iluminación mientras cultivan las plantas en el interior. En comparación con el cultivo en exterior, esta gestión suele dar lugar a mayores rendimientos y, posiblemente, a tasas de desarrollo más rápidas.

Sin embargo, cultivar en interior también tiene ciertas desventajas:

Crear y mantener una pequeña empresa de cultivo de interior puede resultar caro. La infraestructura, las herramientas, la electricidad para la iluminación y el control climático, así como el mantenimiento continuo, tienen un coste. Estos elementos pueden tener un efecto considerable en la rentabilidad del cultivo de interior en su conjunto.

La iluminación artificial y los sistemas de control climático son necesarios para el cultivo de interior, lo que aumenta el consumo de energía. Esto no sólo encarece los costes, sino que también repercute en el medio ambiente, lo que podría suscitar preocupaciones sobre la sostenibilidad y la huella de carbono.

La cantidad de espacio en un cuarto de cultivo o una tienda de campaña puede limitar con frecuencia el cultivo de interior. En comparación con el cultivo en exterior, esta restricción limita la cantidad de plantas que se pueden producir y puede repercutir en la escalabilidad.

La marihuana se cultiva en el exterior, en espacios abiertos y sin refinar. Tiene varias ventajas, entre ellas:

En comparación con el cultivo de interior, el cultivo al aire libre suele exigir un gasto inicial menor. Ya no es necesaria la iluminación artificial, lo que reduce considerablemente los costes energéticos. Además, los cultivadores de exterior pueden utilizar la tierra orgánica, lo que elimina la necesidad de costosos medios de cultivo.

Gracias a la disponibilidad de espacio, el cultivo al aire libre puede realizarse a mayor escala. El aumento del cultivo de plantas por parte de los cultivadores puede conducir a mayores rendimientos y a un mayor éxito financiero.

Utilizando todo el espectro de luz que la luz solar natural ofrece a las plantas, el cultivo en exterior puede mejorar potencialmente los perfiles de sabor y aroma. El movimiento de aire fresco también puede ayudar a que las plantas crezcan más sanas y reducir el riesgo de moho.

Como el cultivo exterior depende de recursos naturales como la luz solar, el agua de lluvia y la tierra, es naturalmente más sostenible. En comparación con el cultivo de interior, que necesita insumos artificiales y equipos que consumen mucha energía, tiene menos impacto en el medio ambiente.

Sin embargo, el cultivo al aire libre también tiene desventajas:

El clima local tiene un impacto significativo en el cultivo al aire libre. Los patrones meteorológicos impredecibles, como el calor extremo, mucha lluvia o una helada temprana, pueden afectar a la salud de las plantas y a la producción en general. Al seleccionar las variedades de cannabis, los cultivadores deben evaluar cuidadosamente su ubicación geográfica y el entorno de la zona.

Debido a la exposición de las plantas al exterior, el cultivo al aire libre es más propenso a infestaciones de plagas y enfermedades. Para reducir estos peligros, los cultivadores deben emplear técnicas eficaces de control de plagas y vigilar regularmente sus plantas.

Los cultivadores de exterior tienen menos control sobre las variables ambientales, como la intensidad de la luz, la temperatura y la humedad, que los cultivadores de interior. Esta falta de control puede provocar variaciones en el crecimiento y la calidad de las plantas.

En conclusión, la decisión de cultivar en interior o en exterior depende de una serie de variables, como los recursos disponibles, los objetivos y el entorno. El cultivo en interior permite cultivar durante todo el año, mayor seguridad y más control sobre los parámetros ambientales. Por otro lado, el cultivo al aire libre ofrece precios reducidos, acceso sin restricciones a la luz solar y actividades más sustanciosas. En última instancia, los cultivadores deben evaluar sus prioridades, sopesar las ventajas e inconvenientes de cada técnica de cultivo y elegir la estrategia que mejor se adapte a sus necesidades y objetivos individuales.

Elegir el lugar adecuado para el cultivo de interior

Seleccionar el lugar ideal es uno de los aspectos más importantes del cultivo de marihuana en interior. La eficiencia, la producción y la calidad general de las plantas se ven muy influidas por su ubicación. Para ayudar a los cultivadores a tomar decisiones acertadas y mejorar su entorno de cultivo, en esta sección se analizan los factores importantes que intervienen en la elección del lugar perfecto para el cultivo de interior.

La cantidad de espacio disponible debe tenerse en cuenta a la hora de elegir un lugar para el cultivo de interior. Asegúrese de que el tamaño y las dimensiones de la zona puedan soportar el equipo, la infraestructura y la cubierta vegetal necesarios. Un espacio adecuado facilita la circulación del aire, la movilidad y la separación de las distintas etapas de crecimiento de la planta (como la vegetativa y la de floración).

Para que el cultivo de interior produzca las mejores condiciones de crecimiento, es necesario tener acceso a los servicios públicos necesarios. Piensa en lo cerca que estás de una fuente eléctrica sólida que pueda satisfacer tus necesidades de iluminación, ventilación y otros equipos. También es esencial tener acceso a fuentes de agua para el riego y la gestión de la humedad. Además, asegúrate de que hay sistemas de drenaje adecuados para evitar la acumulación de agua y otros problemas como el moho o la podredumbre de las raíces.

Para que el cultivo de interior tenga éxito, es esencial mantener unas condiciones ambientales precisas. Seleccione un lugar con un control climático eficaz. Piense en su capacidad para controlar la temperatura, la humedad y el flujo de aire. Para garantizar unas condiciones de cultivo ideales durante todo el año, es crucial contar con un aislamiento adecuado, sistemas de ventilación y la posibilidad de incluir equipos de calefacción, refrigeración y deshumidificación.

Un componente esencial del cultivo de interior es la iluminación. Analice si la zona puede albergar la instalación de luces de cultivo, así como los demás sistemas de iluminación necesarios. Para conseguir una dispersión óptima de la luz y evitar que las plantas superen la superficie vertical disponible, es necesaria una altura de techo suficiente. Piensa dónde se colocarán las luces y si puedes cambiar su altura para adaptarlas a las distintas etapas de crecimiento de las plantas.

Las operaciones que implican cultivos de interior necesitan un cierto nivel de protección y privacidad para proteger las plantas, la maquinaria y la inversión. Tenga en cuenta las medidas de seguridad que se pueden implementar en el lugar elegido. Mecanismos de cierre fuertes, sistemas de alarma, cámaras de seguridad y acceso regulado son algunos ejemplos. Para evitar la atención no deseada y mantener un perfil bajo, las cuestiones de privacidad también son cruciales.

Seleccione un lugar con unos cimientos sólidos que puedan soportar el peso de la maquinaria, las luces y la infraestructura necesarias para el cultivo de interior. Asegúrese de que los techos, paredes y suelos pueden soportar las cargas necesarias sin poner en peligro la seguridad. Para asegurarse de que la zona elegida es adecuada, es aconsejable realizar evaluaciones estructurales u obtener asesoramiento profesional.

Investiga un poco sobre las leyes de zonificación y otros requisitos legales de tu zona antes de decidirte por un lugar. Asegúrate de que el lugar que elijas cumple la normativa urbanística y permite las actividades de cultivo. Infórmate sobre cualquier procedimiento de concesión de licencias o permisos necesario para llevar a cabo el negocio legalmente. La rentabilidad y eficacia a largo plazo de la operación de cultivo dependen en gran medida del cumplimiento de las normas y la legislación local.

El cultivo en interior puede producir olores y ruidos que pueden ser un problema en algunas zonas. Tenga en cuenta la distancia a la que se encuentra de las viviendas, empresas o vecindarios cercanos. Analiza las opciones para reducir y controlar el ruido, incluidos los cerramientos de los equipos y los materiales de insonorización. Es esencial implementar las medidas adecuadas de control de olores, incluidos filtros de carbono o sistemas de extracción, para reducir cualquier posible efecto ambiental.

Piense en la comodidad y accesibilidad del destino. Se pueden agilizar las operaciones y reducir las dificultades logísticas facilitando el acceso para la entrega de suministros, maquinaria y cosechas. La proximidad a vías principales, autopistas o centros de transporte puede facilitar el transporte de bienes y mercancías, agilizando así la cadena de suministro.

Evalúe las posibilidades de ampliación y escalabilidad futuras de la ubicación elegida. Las operaciones de cultivo interior podrían ampliarse y cambiar con el tiempo. Examine si la ubicación permite un futuro crecimiento de la superficie de cultivo, la incorporación de nueva maquinaria o la implementación de tecnología avanzada. Empezar con la escalabilidad en mente le ayudará a evitar futuros problemas y pérdidas de tiempo, dinero y recursos.

Evalúe las posibilidades de ampliación y escalabilidad futuras de la ubicación elegida. Las operaciones de cultivo interior podrían ampliarse y cambiar con el tiempo. Examine si la ubicación permite un futuro crecimiento de la superficie de cultivo, la incorporación de nueva maquinaria o la implementación de tecnología avanzada. Empezar con la escalabilidad en mente le ayudará a evitar futuros problemas y pérdidas de tiempo, dinero y recursos.

En conclusión, seleccionar la ubicación ideal para el cultivo de interior es una decisión importante que tiene un gran impacto en el buen funcionamiento de una empresa de cultivo de cannabis. Los cultivadores pueden dar a sus plantas el mejor entorno posible teniendo en cuenta aspectos como el espacio disponible, el acceso a los servicios públicos, el control climático, la iluminación, la seguridad, la zonificación, la integridad estructural, el control del ruido y los olores, la accesibilidad y la escalabilidad futura. Una sabia elección de la ubicación sienta las bases para un cultivo de interior eficaz y fructífero, contribuyendo en última instancia al éxito general de la operación.

Equipamiento y suministros esenciales para un cuarto de cultivo de marihuana

El equipo y los suministros adecuados, así como una planificación cuidadosa, son necesarios para crear un cuarto de cultivo de marihuana exitoso. Contar con el equipo y los recursos necesarios es fundamental para cultivar plantas de cannabis sanas y de alta calidad, independientemente de tu nivel de experiencia. Esta sección examina el equipo y los suministros necesarios para un cuarto de cultivo de marihuana, ofreciendo detalles sobre cómo funcionan y lo cruciales que son para el proceso de producción.

Un elemento clave de todo espacio de cultivo interior de marihuana es una lámpara de cultivo. En lugar o además de la luz solar natural, actúan como fuentes artificiales de luz. Las lámparas de cultivo vienen en una amplia gama de variedades que se utilizan con frecuencia, incluyendo sodio de alta presión (HPS), halogenuros metálicos (MH) y diodos emisores de luz (LED). En la elección de las luces de cultivo influyen factores como la etapa de desarrollo de la planta, la eficiencia energética y las limitaciones económicas. La fotosíntesis adecuada, el crecimiento sano de las plantas y la creación ideal de cogollos se garantizan con una iluminación suficiente.

Para que las plantas se mantengan sanas, un cuarto de cultivo debe mantener un flujo de aire y una ventilación suficientes. Los componentes de los sistemas de ventilación son los conductos y los ventiladores de admisión y extracción. Los ventiladores de entrada aportan aire fresco, mientras que los de salida eliminan el aire caliente, la humedad y los aromas desagradables de la zona de cultivo. Los conductos permiten distribuir el flujo de aire de forma más eficaz y uniforme. Una ventilación eficaz evita que se acumule el calor, reduce la posibilidad de que aparezca moho y garantiza que las plantas siempre tengan acceso al oxígeno.

Para mantener bajo control el olor de un cuarto de cultivo de marihuana, los filtros de carbono son esenciales. Las plantas de cannabis desprenden aromas potentes y característicos que pueden resultar molestos, especialmente en lugares residenciales o situaciones en las que la privacidad es vital. Los filtros de carbono, que suelen instalarse en el sistema de escape, neutralizan y reducen los olores eliminando las sustancias químicas desagradables del aire. De este modo, puede mantener la discreción y evitar llamar una atención no deseada.

Para cultivar plantas de marihuana en un espacio reducido, utiliza una tienda de cultivo o un cuarto de cultivo especial. Los cultivadores pueden gestionar y mejorar distintos elementos de cultivo en un entorno controlado creado por estas estructuras. Mientras que los cuartos de cultivo ofrecen una mayor versatilidad en cuanto a superficie y personalización, las tiendas de cultivo son más móviles, ligeras y asequibles. Ambas soluciones ofrecen privacidad, reflexión de la luz y ayudan a preservar el medio ambiente.

Para fomentar el desarrollo de las plantas y aumentar las cosechas, es esencial maximizar la absorción de la luz. En un cuarto o armario de cultivo se utilizan materiales reflectantes para revestir las paredes, como Mylar o láminas reflectantes. Estas sustancias reflejan la luz hacia las plantas, garantizando que la reciban desde varias direcciones y reduciendo la pérdida de luz. Las superficies reflectantes contribuyen a crear un entorno de cultivo más eficaz y fructífero.

Para fomentar el desarrollo saludable de las raíces y la absorción de nutrientes, es esencial seleccionar el medio de cultivo adecuado. La tierra, la fibra de coco y los sistemas hidropónicos son medios de cultivo habituales. A diferencia de los sistemas hidropónicos, que permiten un control preciso de la aportación de fertilizantes y la absorción de agua, los medios basados en el suelo son fáciles de usar para los principiantes y ofrecen un amortiguador para la disponibilidad de nutrientes. El medio de cultivo adecuado debe elegirse en función de las necesidades de la planta, la experiencia y el método de cultivo preferido.

Las plantas de marihuana necesitan un aporte equilibrado de nutrientes para desarrollarse y prosperar. Los elementos vitales nitrógeno, fósforo, potasio y micronutrientes se suministran a través de nutrientes y fertilizantes. Existen numerosas fórmulas nutritivas y marcas disponibles, tanto orgánicas como sintéticas. Es esencial seguir un calendario de nutrientes y modificar las concentraciones de los mismos en función de las etapas de crecimiento de la planta para mantener su salud al máximo, fomentar un crecimiento vigoroso y aumentar la producción de cogollos.

Para que las plantas absorban correctamente los nutrientes, el nivel de pH del medio de cultivo debe mantenerse en el rango adecuado. Los cultivadores pueden comprobar y modificar el pH del agua y de las soluciones nutritivas utilizando kits de comprobación del pH. En general, las plantas de marihuana prosperan en un rango de pH de 5,5 a 6,5.

El análisis regular del pH garantiza que las plantas puedan absorber los nutrientes de forma eficaz, evitando deficiencias nutricionales o toxicidades y fomentando un crecimiento y desarrollo sanos.

La salud general y el crecimiento de las plantas de marihuana dependen de un riego regular y adecuado. Desde los sencillos métodos de riego manual hasta los sistemas de riego automático. Los sistemas hidropónicos, el riego por goteo y los sistemas de flujo y reflujo distribuyen el agua de forma eficaz y reducen las posibilidades de riego excesivo o insuficiente. Es fundamental controlar el contenido de humedad del medio de cultivo y ajustar los programas de riego en consecuencia.

Las herramientas de recorte y poda son necesarias para preservar la salud de las plantas, favorecer una ventilación adecuada y mejorar el desarrollo de los cogollos. Entre estos utensilios se encuentran las deshojadoras, las tijeras de recorte y las tijeras de poda. El recorte se realiza durante la cosecha para eliminar las hojas sobrantes y recortar los cogollos para conseguir un aspecto limpio y profesional, mientras que la poda ayuda a eliminar el follaje sobrante y favorece una mejor penetración de la luz.

Para mantener los mejores parámetros de crecimiento, es esencial controlar el ambiente dentro de un cuarto de cultivo. Los higrómetros (que miden la humedad) y los medidores de pH son ejemplos de equipos de control ambiental. Con la ayuda de estos equipos, los cultivadores pueden controlar la temperatura, la humedad y los niveles de pH para asegurarse de que las plantas crecen a la temperatura adecuada para cada etapa de desarrollo. Las herramientas de monitorización facilitan la identificación y resolución inmediata de cualquier cambio o desequilibrio.

En conclusión, al construir un cuarto de cultivo de marihuana, es importante evaluar cuidadosamente las herramientas y materiales necesarios para crear el mejor entorno de producción posible. Cada elemento desempeña un papel fundamental a la hora de mejorar la salud de las plantas, su crecimiento y, en última instancia, su rendimiento, desde las luces de cultivo y los sistemas de ventilación hasta los materiales reflectantes, los armarios de cultivo y las herramientas de recorte. Los cultivadores pueden producir plantas de cannabis sanas y de alta calidad en un entorno de interior controlado y eficaz realizando las inversiones adecuadas en equipos y suministros.

Capítulo IV

Técnicas de Cultivo de Marihuana

Germinación: De la Semilla al Brote

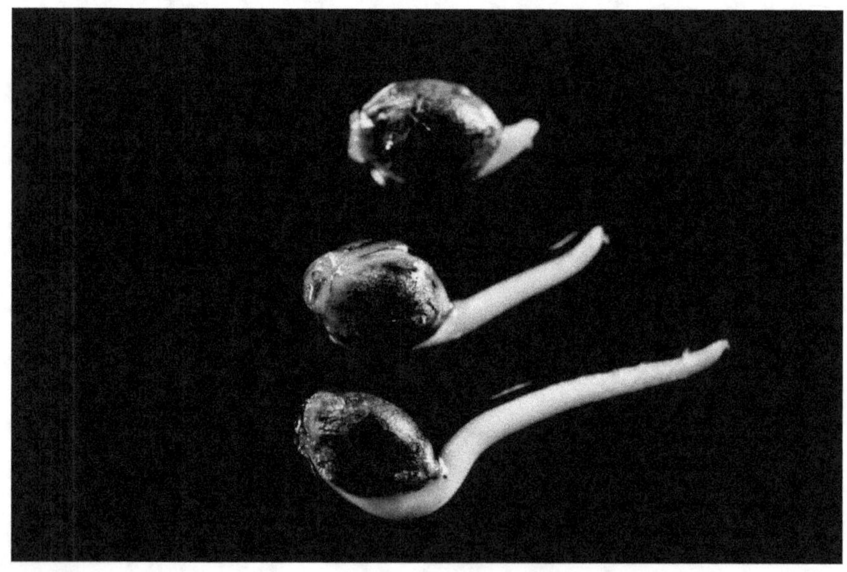

El proceso por el que una semilla se convierte en una plántula joven y en desarrollo se conoce como germinación. Comprender el proceso de germinación es crucial para que los cultivadores de cannabis garanticen una producción óptima. El proceso de germinación, los factores que afectan a la viabilidad de las semillas y las formas de crear las condiciones ideales para la germinación de las semillas se tratan en esta sección.

El éxito de la germinación de las semillas de cannabis comienza con la selección de semillas de alta calidad. Para obtener semillas viables y genéticamente estables, busque bancos o proveedores de semillas de renombre. A la hora de elegir las semillas, hay que tener en cuenta elementos como la cepa preferida, los resultados previstos y las características de crecimiento. Para obtener las mayores probabilidades de germinación, busque semillas maduras, de color oscuro y con cáscara completa.

Para la germinación, la humedad es un componente crítico. El agua debe ser absorbida por la cubierta de la semilla para iniciar el proceso de germinación. Remoje las semillas en agua filtrada a temperatura ambiente entre 24 y 48 horas para asegurarse de que tienen suficiente humedad. El uso de agua clorada o con muchos minerales puede impedir la germinación. Tras el remojo, transfiera las semillas a un medio de germinación adecuado.

La selección correcta del medio de germinación crea un entorno favorable para la germinación de las semillas. Muchos cultivadores prefieren utilizar una toalla de papel humedecida o una mezcla específica para el inicio de la germinación. Estos medios permiten una observación sencilla del progreso de la germinación y una retención adecuada de la humedad. Asegúrese de que las semillas estén uniformemente espaciadas y bien cubiertas antes de colocarlas en el medio de germinación.

Para favorecer la germinación, hay que mantener la temperatura ideal. El intervalo de temperatura ideal para la germinación de las semillas de cannabis es de 20 a 25 grados Celsius (68 a 77 grados

Fahrenheit). Para mantener una temperatura constante, utiliza una esterilla calefactora o una habitación con termostato. Evita someter las semillas a calor o frío intensos, ya que podrían impedir la germinación o dañarlas.

Aunque la oscuridad es ideal durante el proceso de germinación, la luz es necesaria para el crecimiento de las plántulas. Coloque las semillas y el material de germinación en una zona cálida y oscura, como un propagador o un contenedor cerrado. La oscuridad favorece que la semilla se concentre en el crecimiento de las raíces en lugar de buscar la luz. Proporcione a las plántulas la cantidad de luz adecuada cuando empiecen a brotar hojas.

Para evitar la aparición de moho u hongos que puedan dañar las semillas que están germinando, es esencial una circulación de aire adecuada. Sin embargo, una brisa excesiva puede acelerar la desecación del medio de germinación. Consiga un equilibrio asegurándose de que el medio de germinación tenga una circulación de aire suave y evitando las corrientes de aire directas o los vientos fuertes. De este modo, las semillas reciben oxígeno sin perder la cantidad ideal de humedad.

La germinación requiere paciencia, ya que las semillas pueden tardar entre 24 horas y varios días en brotar. Para evitar posibles daños, no moleste a las semillas durante este tiempo. Compruebe con frecuencia los niveles de humedad del medio de germinación y vigile el desarrollo de las semillas. Las plántulas deben trasladarse a un medio de cultivo adecuado cuando hayan brotado y les hayan salido las primeras hojas.

En conclusión, la etapa de germinación del crecimiento de la planta de cannabis es crucial. Los cultivadores pueden mejorar la germinación y garantizar un desarrollo sano de las plántulas siendo conscientes de los elementos que afectan a la viabilidad de las semillas y creando el entorno ideal. El proceso de germinación requiere una cuidadosa selección de semillas de alta calidad, el mantenimiento de la humedad, el suministro de temperaturas ideales, el mantenimiento de la oscuridad, el fomento de una circulación de aire suave, el ejercicio de la paciencia y una observación cuidadosa. Los cultivadores pueden construir una base sólida para el desarrollo de sus plantas de cannabis y obtener grandes resultados de cultivo utilizando las técnicas de germinación adecuadas.

Crecimiento vegetativo: Proporcionar el entorno adecuado

Una etapa crítica en el ciclo de vida de la planta de cannabis es la etapa vegetativa. Antes de entrar en la etapa de floración, las plantas se concentran en desarrollar un sólido entramado de tallos y follaje durante esta etapa. Para fomentar un crecimiento vegetativo sano y liberar todo el potencial de tus plantas de cannabis, hay que crear el entorno ideal. En esta sección se examinan las principales influencias en el crecimiento vegetativo, junto con consejos para fomentar el entorno ideal para esta etapa del desarrollo de la planta.

Uno de los elementos más importantes para fomentar un crecimiento vegetativo vigoroso es la iluminación. Para que las plantas de cannabis produzcan energía mediante la fotosíntesis, necesitan luz suficiente. Proporcione a sus plantas entre 18 y 24 horas de luz al día mientras se encuentren en la etapa vegetativa. Debido a su capacidad para proporcionar una potente salida de luz,

se suelen utilizar lámparas de descarga de alta intensidad (HID) como las de halogenuros metálicos (MH) o las de sodio de alta presión (HPS). La popularidad de las luces de cultivo LED también está aumentando gracias a su eficiencia energética y a sus espectros de luz ajustables. Para evitar quemaduras por luz o estrés térmico, asegúrese de que la fuente de luz está situada a la distancia adecuada de las plantas.

Es esencial mantener los niveles ideales de humedad y temperatura para fomentar el crecimiento vegetativo. Las temperaturas entre 20 y 28 grados Celsius (68 y 82 grados Fahrenheit) son ideales para el crecimiento de las plantas de cannabis. Evita someter a las plantas a cambios extremos de temperatura, ya que pueden estresarse y frenar su crecimiento. Para evitar problemas como el moho durante la etapa vegetativa, mantén el nivel de humedad relativa (HR) entre el 50% y el 70%. Una circulación y ventilación suficientes también ayudan a controlar la humedad y la temperatura, evitando el estancamiento del aire y fomentando una transpiración saludable.

Un entorno de crecimiento sano requiere suficiente circulación de aire y ventilación. Los tallos más fuertes de las plantas son el resultado de una buena circulación de aire, que también reduce el peligro de infestaciones de plagas y enfermedades y evita la formación de un exceso de humedad. Para proporcionar un flujo de aire suave dentro del cuarto de cultivo, utilice ventiladores oscilantes. Coloque los ventiladores en lugares apropiados para fomentar un flujo de aire uniforme y evitar puntos calientes. Además, asegúrese de que haya una ventilación adecuada utilizando filtros de carbón o extractores para eliminar el aire viciado y controlar los olores.

Las plantas de cannabis necesitan un suministro equilibrado de nutrientes para permitir un crecimiento sano durante toda la etapa vegetativa. Los principales macronutrientes requeridos en mayores cantidades son el nitrógeno (N), el fósforo (P) y el potasio (K). Para suministrar los nutrientes necesarios para el desarrollo de un follaje exuberante, utilice como suplemento un fertilizante de calidad para el crecimiento vegetativo o siga un calendario de alimentación en nutrientes. Dado que los excesos o carencias de nutrientes pueden afectar a la salud y el crecimiento de las plantas, es importante comprobar constantemente los niveles de nutrientes y realizar los ajustes necesarios.

Para que se absorban los nutrientes, el equilibrio del pH del medio de cultivo debe mantenerse en el rango adecuado. Durante la etapa vegetativa, las plantas de cannabis exigen un entorno ligeramente ácido, con un pH comprendido entre 5,5 y 6,5. Comprueba con frecuencia el pH del agua y de las soluciones nutritivas, y ajústalo si es necesario. Comprueba con frecuencia el pH del agua y de las soluciones nutritivas, y ajústalo si es necesario. Los cambios de pH pueden influir en la disponibilidad de los nutrientes y provocar toxicidades o reacciones de carencia. Manteniendo un pH constante se crean las condiciones ideales para la absorción de nutrientes y la salud general de la planta.

Los cultivadores suelen utilizar métodos de formación y poda durante la etapa vegetativa para controlar el desarrollo de la planta y fomentar plantas más tupidas y fructíferas. La altura, la forma y la densidad de la copa de la planta pueden controlarse con métodos como el topping, la formación de bajo estrés (LST) y la defoliación.

La formación y la poda aumentan el número de cogollos, mejoran el flujo de aire y permiten una mejor penetración de la luz, todo lo cual contribuye a aumentar la producción de flores.

Un crecimiento vegetativo sano depende de un crecimiento adecuado de las raíces. Durante la etapa vegetativa, trasladar las plantas de cannabis a recipientes más grandes favorece el desarrollo de las raíces y aumenta la vitalidad de la planta en general. Para evitar el encharcamiento, asegúrate de que los nuevos recipientes tengan suficiente drenaje. Para evitar romper las frágiles raíces, manipule el sistema radicular con cuidado. Además, los hongos micorrícicos o los inoculantes microbianos beneficiosos pueden mejorar la salud de las raíces y la absorción de nutrientes.

En conclusión, cultivar plantas de cannabis sanas y robustas requiere una atmósfera correcta durante la etapa vegetativa. Los cultivadores pueden establecer el entorno óptimo para el desarrollo vegetativo maximizando la iluminación, manteniendo los niveles adecuados de temperatura y humedad, garantizando un movimiento del aire y una ventilación apropiados, proporcionando nutrientes equilibrados, controlando los niveles de pH y utilizando procedimientos de formación y poda. Es fundamental tener en cuenta que cada cepa puede tener unos requisitos diferentes, por lo que también debes tenerlo en cuenta. Puedes asegurarte plantas robustas y sanas preparadas para el periodo de floración y una cosecha abundante creando el entorno ideal.

Etapa de floración: Maximizar el desarrollo de los capullos

La etapa de floración de la planta de cannabis es una parte emocionante e importante del proceso de cultivo. En este momento se produce la transición del crecimiento vegetativo al desarrollo de las flores, también conocidas como cogollos. Para maximizar el crecimiento de los cogollos es necesario prestar mucha atención a las numerosas variables que afectan a la formación, el tamaño, la potencia y la producción general de las flores. En esta sección se examinan estrategias e ideas importantes para potenciar el crecimiento de los cogollos durante toda la etapa de floración.

Cuando una planta se encuentra en la etapa de floración, la luz es esencial para el crecimiento de los cogollos. Para que las plantas de cannabis inicien y mantengan la producción de flores, es necesario cambiar el espectro luminoso y el fotoperiodo. Para fomentar la floración, cambie a un periodo de oscuridad de 12 horas seguido de 12 horas de luz cada día. Para proporcionar el espectro de luz adecuado, rico en longitudes de onda rojas y rojas lejanas, utiliza luces de cultivo LED de alta calidad específicas para la floración o lámparas de sodio de alta presión (HPS). Este espectro favorece el crecimiento de los cogollos y potencia la producción de resina.

Para el mejor desarrollo de los cogollos durante toda la etapa de floración, deben mantenerse los niveles adecuados de temperatura y humedad. La temperatura ideal para las plantas de cannabis oscila entre 18 y 26 grados Celsius (65 y 80 grados Fahrenheit), un poco más baja que en la etapa vegetativa. Esto reduce el estrés térmico, mejora la producción de resina y preserva los terpenos. Además, se evita la aparición de moho en los cogollos manteniendo un nivel de humedad relativa (HR) entre el 40% y el 50%. Un entorno de cultivo saludable se garantiza con una ventilación y un flujo de aire adecuados, que controlan la temperatura y la humedad.

Para maximizar el desarrollo de los cogollos a lo largo de la etapa de floración, es necesario proporcionar el equilibrio nutricional adecuado. En la producción de resina, el desarrollo de las flores y la salud general de la planta, son esenciales nutrientes secundarios como el calcio y el magnesio, así como los macronutrientes fósforo y potasio. Cambie de un abono rico en nitrógeno para el crecimiento vegetativo de las plantas a otro con mayores concentraciones de fósforo y potasio para las flores. Para evitar déficits nutricionales o toxicidades, que pueden tener un efecto adverso en el crecimiento de los cogollos, vigile de cerca los niveles de nutrientes y realice los ajustes necesarios.

Durante la fase de floración, es crucial mantener unos buenos hábitos de riego. El riego insuficiente puede estresar a las plantas e impedir el crecimiento de los cogollos, mientras que el riego excesivo puede provocar la pudrición de las raíces y deficiencias de nutrientes. Evite que las plantas se sequen demasiado entre riegos y riegue cuando la capa superior del material de cultivo se note seca. Vigile los niveles de humedad y modifique los calendarios de riego según sea necesario. Para evitar desequilibrios del pH que puedan interferir con la absorción de nutrientes y el desarrollo de los cogollos, es esencial utilizar soluciones de agua y nutrientes con un pH equilibrado.

Las técnicas de defoliación y recorte estratégico pueden potenciar el crecimiento de los cogollos durante el periodo de floración. La eliminación del follaje sobrante y de las ramas inferiores facilita la reorientación de la energía hacia la parte superior de la copa, donde los cogollos reciben la mayor cantidad de luz. Para evitar la acumulación de humedad y los problemas de plagas, pode de forma selectiva, eliminando las hojas amarillentas o dañadas, y mantenga un flujo de aire suficiente. No obstante, la defoliación debe ser limitada, ya que las hojas son esenciales para la fotosíntesis y el almacenamiento de nutrientes.

A medida que los brotes maduran y aumentan de peso, es fundamental proporcionarles un soporte suficiente para evitar que las ramas se quiebren por su propio peso. Se pueden utilizar postes, espalderas o redes para sostener las ramas y favorecer el desarrollo vertical, lo que permite que la luz penetre más en la copa. Esto favorece el crecimiento uniforme de los cogollos y reduce la posibilidad de que se pudran por el contacto con el medio de cultivo.

Para un crecimiento óptimo de los cogollos, debe mantenerse un entorno controlado y estable durante toda la fase de floración. Evite la exposición a las inclemencias del tiempo y los cambios bruscos de humedad o temperatura. Utilizando sensores de temperatura y humedad, compruebe con frecuencia el entorno y realice las modificaciones necesarias. La temperatura, la humedad y la acumulación de aire estancado pueden controlarse con la ayuda de una ventilación y un movimiento del aire adecuados.

En conclusión, la etapa de floración de la producción de cannabis es un periodo emocionante y crucial en el que los cogollos crecen y prosperan. Los cultivadores pueden optimizar el desarrollo de los cogollos y producir cosechas de alta calidad prestando atención a factores importantes como el espectro de luz y el fotoperiodo, el control de la temperatura y la humedad, el equilibrio de nutrientes, las técnicas de riego adecuadas, las técnicas de poda y defoliación, el soporte y las espalderas, y el control ambiental. Es fundamental tener en cuenta que cada cepa puede tener unos requisitos diferentes, por lo que también hay que tenerlo en consideración. Los cultivadores de cannabis pueden obtener cogollos abundantes, potentes y estéticamente atractivos prestando mucha atención a los detalles durante la fase de floración.

Capítulo V

Nutrientes y Alimentación

Entender las necesidades nutricionales de las plantas de marihuana

Para que las plantas de marihuana crezcan con éxito es necesario suministrarles los nutrientes adecuados. Comprender las necesidades nutricionales de tus plantas como cultivador es crucial para garantizar un crecimiento ideal, aumentar los rendimientos y crear cannabis de alta calidad. Esta sección examina los nutrientes esenciales que necesitan las plantas de marihuana, sus funciones en el crecimiento de la planta y los métodos para regular y suministrar estos nutrientes de forma eficiente.

Los macronutrientes son sustancias importantes que las plantas necesitan en cantidades comparativamente altas. Las plantas de marihuana necesitan principalmente tres macronutrientes:

La creación de clorofila, responsable de la fotosíntesis, requiere nitrógeno. Favorece el crecimiento de hojas y tallos, garantizando un desarrollo vegetativo sano. Las plantas de marihuana necesitan más nitrógeno durante toda su fase vegetativa.

El fósforo es esencial para la transferencia de energía, la construcción de sistemas radiculares fuertes, la floración y el desarrollo de los cogollos. Con mayor necesidad durante el periodo de floración, es esencial para todo el crecimiento y desarrollo de las plantas de marihuana.

Entre las numerosas funciones fisiológicas en las que interviene el potasio se incluyen el transporte de nutrientes, la activación de enzimas y el control de la ingesta de agua y nutrientes. Ayuda al desarrollo de las flores y a la producción de resina, al tiempo que aumenta la tolerancia de la planta al estrés y a las enfermedades.

Además de los macronutrientes, las plantas de marihuana también necesitan nutrientes secundarios, que se necesitan en cantidades modestas. Éstos consisten en:

El calcio es necesario para el crecimiento de las paredes celulares, así como para la producción de tallos y ramas robustos. Es esencial para prevenir la escasez de nutrientes, mejorar la estructura de las plantas y reducir el riesgo de enfermedades.

El magnesio es esencial para la fotosíntesis y forma parte del pigmento clorofila. Contribuye a la producción de energía, la activación de enzimas y el metabolismo de otros nutrientes.

La producción de proteínas, la actividad enzimática y el crecimiento de una clorofila sana dependen del azufre. Además, favorece la salud general de la planta y ayuda al consumo de otros nutrientes.

Los micronutrientes son sustancias que las plantas de marihuana necesitan en cantidades muy pequeñas pero que, sin embargo, son esenciales para su crecimiento. Se trata de:

La formación de clorofila depende del hierro, que es esencial para la fotosíntesis. Ayuda al movimiento de electrones dentro de la planta y participa en varias actividades enzimáticas.

El zinc es necesario para la creación de hormonas, la activación de enzimas y el control de la auxina, una hormona producida por las plantas que es importante para el crecimiento y el desarrollo.

El cobre participa en varios procesos enzimáticos y es necesario para la producción de clorofila. Favorece la salud general y el desarrollo de la planta.

Estos micronutrientes, como el manganeso (Mn), el boro (B), el molibdeno (Mo) y otros, son necesarios en niveles mínimos para una serie de procesos bioquímicos, como la activación de enzimas, la fotosíntesis y la ingesta de nutrientes.

Los cultivadores tienen varias opciones para gestionar las necesidades nutricionales de las plantas de marihuana, entre ellas:

Empezar con una tierra rica en nutrientes y bien equilibrada o una mezcla de alta calidad para macetas. Para evitar encharcamientos y déficits nutricionales, asegúrese de que el drenaje sea suficiente.

Para garantizar una disponibilidad óptima de nutrientes, compruebe y ajuste con frecuencia el pH del medio de cultivo. Las plantas de marihuana prefieren un pH entre 6,0 y 7,0, ligeramente ácido.

Tenga en cuenta las distintas necesidades de nutrientes para las etapas vegetativa y de floración a la hora de seleccionar fertilizantes diseñados exclusivamente para el crecimiento de la marihuana. Para evitar desequilibrios de nutrientes o toxicidades, siga las recomendaciones de dosificación y aplicación que se aconsejan.

En función de la calidad del medio de cultivo y de las necesidades particulares de la planta, pueden ser necesarios suplementos o aditivos adicionales. Puede tratarse de inoculantes microbianos, abonos orgánicos o suplementos específicos para el déficit de nutrientes.

Revise las plantas con frecuencia para detectar indicios de excesos o carencias nutricionales. Los desequilibrios pueden mostrar síntomas como hojas marchitas, crecimiento atrofiado o follaje deformado. Las deficiencias deben identificarse rápidamente y corregirse para mantener la salud de la planta y promover su crecimiento.

En conclusión, el cultivo con éxito requiere una sensibilización sobre los requisitos nutricionales de las plantas de marihuana. Los cultivadores pueden fomentar un crecimiento sano, maximizar los rendimientos y crear cannabis de alta calidad suministrando la proporción adecuada de macronutrientes, nutrientes secundarios y micronutrientes. Con el fin de gestionar la nutrición de las plantas de manera eficiente, las técnicas críticas incluyen la supervisión periódica, la regulación del pH, la fertilización adecuada y la corrección rápida de los déficits o excesos de nutrientes. Los cultivadores pueden proporcionar a las plantas de marihuana la nutrición ideal que necesitan para prosperar durante todo su ciclo vital empleando estas técnicas.

Diferentes tipos de fertilizantes y su aplicación

Los fertilizantes son fundamentales para proporcionar a las plantas de marihuana los nutrientes que necesitan, promover un crecimiento sano y aumentar las cosechas. La clave para fomentar un desarrollo sano y maximizar la calidad del cannabis es elegir el fertilizante adecuado y comprender su aplicación. Esta sección examina los distintos fertilizantes disponibles para el crecimiento de la marihuana y ofrece detalles sobre cómo deben aplicarse.

La materia orgánica de los abonos orgánicos procede de fuentes naturales y se descompone gradualmente, liberando nutrientes con el tiempo. Ofrecen una variedad de macronutrientes cruciales, nutrientes secundarios, micronutrientes y bacterias útiles que favorecen la salud del suelo. Los abonos orgánicos incluyen, por ejemplo

La materia orgánica, los nutrientes y los microbios útiles abundan en el compost. Mejora la disponibilidad de nutrientes, la retención de agua y la estructura del suelo. Antes de plantar, añada compost al suelo o utilícelo como abono de cobertura.

Los abonos orgánicos con un alto contenido en nutrientes incluyen estiércol animal como el de vaca, pollo o caballo. Aportan materia orgánica, nitrógeno, fósforo y potasio. Para reducir el riesgo de infecciones, aplica estiércol bien compostado como abono de cobertura o incorpóralo al suelo.

Un fertilizante líquido generado a partir de pescado en descomposición se llama emulsión de pescado. Es un abono que libera nutrientes rápidamente y ofrece nitrógeno, fósforo, potasio y oligoelementos. Aplique la emulsión de pescado después de diluirla con agua al regar.

Para fabricar abonos sintéticos o inorgánicos se utilizan procesos químicos, que vienen en una gran variedad de composiciones. Ofrecen proporciones nutricionales precisas y son fáciles de absorber por las plantas. Normalmente solubles en agua, los fertilizantes sintéticos proporcionan una rápida disponibilidad de nutrientes. Entre los fertilizantes sintéticos utilizados con frecuencia se incluyen:

El nitrógeno se suministra para el crecimiento vegetativo mediante fertilizantes nitrogenados como la urea y el nitrato de amonio.

Favorecen el crecimiento de los tallos, las hojas y el vigor general de la planta. Para evitar la quema de nitrógeno y garantizar una absorción óptima de nutrientes, aplique los fertilizantes nitrogenados según las indicaciones del fabricante.

Los fertilizantes fosforados, como el superfosfato o el superfosfato triple, aportan fósforo para el crecimiento de las raíces, las flores y los capullos. Para estimular un crecimiento fuerte de las flores durante toda la etapa de floración, aplique fertilizantes fosforados.

Los fertilizantes que contienen potasio, como el sulfato potásico o el nitrato potásico, son esenciales para la salud general de las plantas, la mejora del crecimiento de las flores y la resistencia a las enfermedades. A lo largo de todo el ciclo de crecimiento, utilice fertilizantes potásicos, prestando especial atención durante la fase de floración.

Los fertilizantes de liberación controlada liberan los nutrientes de forma gradual y constante durante un largo periodo de tiempo. Están hechos para liberar nutrientes gradualmente en respuesta a los cambios de temperatura, actividad microbiana o contenido de humedad. La lixiviación de nutrientes es menos probable con los fertilizantes de liberación controlada, que también garantizan una disponibilidad fiable de nutrientes. Estos fertilizantes ofrecen un suministro constante de nutrientes y se presentan en forma granular o de gránulos. Respete las dosis y frecuencias de aplicación recomendadas por el fabricante.

Se pueden emplear varias técnicas para fertilizar las plantas de marihuana:

Top Dressing. Manteniéndose a una distancia segura del tallo, esparza fertilizantes granulados alrededor de la base de la planta. Sin dañar las raíces, integre suavemente el fertilizante en la capa superior del suelo. Para desencadenar la liberación de nutrientes, riegue completamente la región.

Siga las instrucciones del fabricante cuando diluya fertilizantes líquidos en agua. Aplique la solución de abono directamente a la tierra que rodea las plantas utilizando una regadera o un pulverizador. Tenga cuidado de no mojar excesivamente la tierra.

Pulverizar una solución nutritiva directamente sobre las hojas se conoce como alimentación foliar. Para reducir la escasez de vitaminas o corregir desequilibrios, este método ofrece un rápido aporte de nutrientes. Para evitar el calor extremo o la luz solar directa, aplique la pulverización foliar a primera hora de la mañana o a última de la tarde con un pulverizador de nebulización fina.

Los fertilizantes se disuelven en agua y se administran directamente a las raíces de las plantas en los sistemas hidropónicos. Para determinadas soluciones fertilizantes hidropónicas, siga las instrucciones del fabricante y modifique el contenido de nutrientes en función de la etapa de desarrollo de la planta y de la calidad del agua.

En conclusión, para que la producción de marihuana tenga éxito, es esencial elegir el fertilizante adecuado y comprender sus técnicas de aplicación. El compost y el estiércol son ejemplos de fertilizantes orgánicos que mejoran la calidad del suelo añadiendo materia orgánica y microbios ventajosos. Mientras que los fertilizantes de liberación controlada ofrecen un suministro prolongado y constante de nutrientes, los fertilizantes sintéticos ofrecen proporciones precisas de nutrientes para determinadas etapas de crecimiento. Dependiendo de su configuración de crecimiento, puede considerar la posibilidad de administrar fertilizantes por vía foliar, líquida o hidropónica. No olvides seguir las recomendaciones del fabricante, observar cómo reacciona la planta y modificar la aplicación de fertilizantes según sea necesario. Los cultivadores pueden asegurarse de que las plantas de marihuana reciben el suministro nutricional ideal, lo que se traduce en un crecimiento sano, el máximo rendimiento y productos de cannabis de alta calidad, mediante el uso exitoso de fertilizantes.

Solución de carencias y excesos de nutrientes

La salud y el crecimiento de las plantas de marihuana pueden verse muy afectados por el exceso de nutrientes y las deficiencias. Mantener la nutrición ideal de las plantas y aumentar el rendimiento dependen de la capacidad del cultivador para reconocer y gestionar estos problemas. Esta sección aborda los excesos y deficiencias de nutrientes típicos en las plantas de marihuana, junto con los signos y síntomas que producen.

Cuando las plantas sufren carencias de los nutrientes clave necesarios para su crecimiento y desarrollo, surgen carencias nutricionales. Las carencias nutricionales típicas de las plantas de marihuana son las siguientes:

Las hojas más viejas empiezan a amarillear desde la base de la planta hacia arriba debido a la falta de nitrógeno. Es posible que se produzca un retraso en el crecimiento y que las hojas tengan un aspecto pálido o clorótico. Aplique un fertilizante rico en nitrógeno o añada materia orgánica al suelo para compensar la falta de nitrógeno.

Las hojas de color verde oscuro con manchas púrpuras o rojizas son un signo de insuficiencia de fósforo. Las plantas pueden tener una floración lenta y un desarrollo atrofiado. Utilice fertilizantes ricos en fósforo o añada harina de huesos al suelo para compensar el déficit de fósforo.

El quemado de las hojas, también conocido como amarilleamiento y pardeamiento de los márgenes de las hojas, está causado por una escasez de potasio. Las plantas pueden parecer frágiles y tener una menor resistencia al estrés y las enfermedades. Aplique fertilizante ricos en potasio o utilice sulfato potásico para solucionar el déficit de potasio.

La clorosis interveinal, cuando las hojas adquieren un color amarillento entre las venas pero éstas permanecen verdes, se produce por una escasez de hierro. Las hojas afectadas pueden desarrollar un crecimiento restringido y volverse quebradizas. Aplique quelato de hierro o utilice abonos orgánicos ricos en hierro para tratar un déficit de hierro.

Cuando las plantas adquieren una cantidad excesiva de un nutriente concreto, se producen excesos nutricionales. Esto puede provocar toxicidad y tener un efecto negativo en la salud de las plantas. Los excesos nutricionales típicos en las plantas de marihuana son los siguientes:

El exceso de nitrógeno da lugar a hojas gruesas y frondosas de color verde oscuro. Las plantas pueden desarrollarse vegetativamente en exceso y tener tallos alargados, aunque es posible que la floración no se produzca de inmediato. Enjuague el suelo con agua corriente para eliminar los nutrientes sobrantes y gestionar el exceso de nitrógeno.

Un exceso de fósforo puede provocar quemaduras en las puntas de las hojas, oscurecimiento de las mismas y disminución de la absorción de nutrientes. También pueden producirse otras anomalías nutricionales. El exceso de fósforo puede reducirse equilibrando el abonado y ajustando el pH del suelo.

El exceso de potasio puede causar deficiencia de calcio y magnesio, lo que puede provocar quemaduras en las puntas de las hojas y necrosis en los márgenes. Ofreciendo un abono equilibrado y manteniendo los niveles de pH adecuados, se puede ajustar el equilibrio de nutrientes.

El exceso de calcio puede alterar la absorción de nutrientes y provocar desequilibrios. Puede manifestarse en forma de necrosis foliar y puntas de hoja quemadas. Para tratar un exceso de calcio, ajuste el nivel de pH y asegúrese de que la solución nutritiva esté equilibrada.

Utilice los siguientes métodos para diagnosticar eficazmente los excedentes y déficits nutricionales:

Observe cómo se desarrollan las hojas, los tallos y el crecimiento general de la planta. Tome nota de cualquier irregularidad, mancha o decoloración. Para un diagnóstico correcto, compare los síntomas con las tablas de excesos y carencias de nutrientes.

Compruebe regularmente el pH del medio de cultivo. Mantener el intervalo ideal de pH (aproximadamente 6,0-7,0) proporciona una absorción óptima de nutrientes, ya que el pH afecta a la disponibilidad de nutrientes.

Para determinar los niveles de nutrientes y los posibles desequilibrios, analice el suelo y el agua. Con esta información se pueden realizar ajustes y modificaciones en los fertilizantes.

Aplique el abono de forma diferente en función del excedente o déficit nutricional específico detectado. Para restablecer los niveles nutricionales adecuados, utilice fertilizantes ricos en nutrientes, abonos orgánicos o soluciones nutritivas equilibradas.

Enjuague el suelo con agua corriente para eliminar los nutrientes adicionales si hay excedentes de nutrientes. Esto favorece el restablecimiento del equilibrio nutricional y reduce la toxicidad potencial.

Aplique los fertilizantes o abonos adecuados para solucionar rápidamente los excesos o déficits de nutrientes. Siga la respuesta de la planta y realice las modificaciones necesarias.

En conclusión, los excesos y las deficiencias de nutrientes deben abordarse para cultivar marihuana con éxito. Los cultivadores pueden solucionar estos problemas identificando los signos de excesos y deficiencias de nutrientes, realizando pruebas de pH y nutrientes y modificando el programa de fertilización. La producción de cannabis de alta calidad se ve facilitada por un seguimiento regular, una gestión eficaz de los nutrientes y la adopción rápida de medidas correctoras. Los cultivadores pueden asegurarse de que sus plantas de marihuana tengan el equilibrio nutricional ideal mediante una observación atenta y una resolución proactiva de los problemas, lo que produce resultados de cultivo eficaces.

Capítulo VI

Iluminación y Control Ambiental

Opciones de iluminación para el cultivo de marihuana en interior

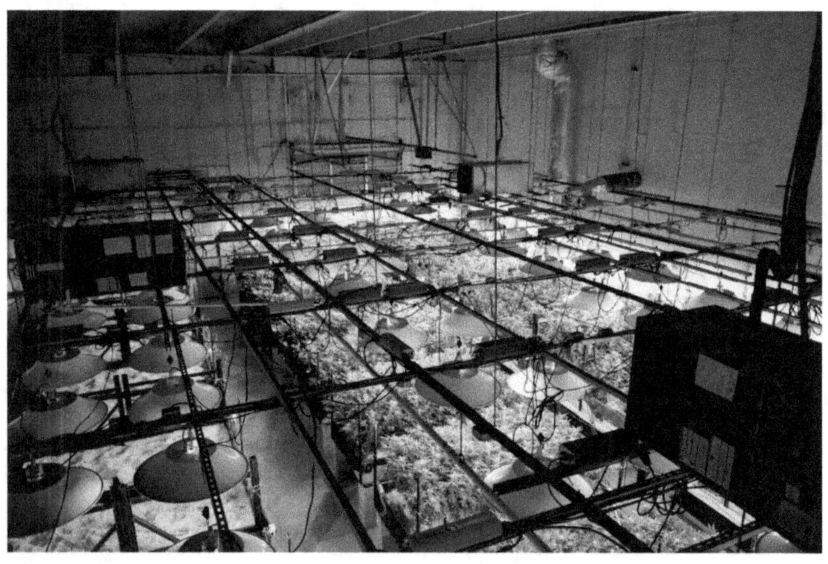

El cultivo de marihuana en interior tiene éxito cuando existe una iluminación adecuada. Los cultivadores deben confiar en los sistemas de iluminación artificial para proporcionar el espectro de luz esencial y la intensidad para el crecimiento y desarrollo de las plantas, ya que la luz solar natural es a menudo insuficiente o no está disponible. En esta sección se examinan las numerosas opciones de iluminación para el cultivo de marihuana en interior, junto con sus ventajas, inconvenientes y consideraciones.

Para el cultivo de interior, al principio se utilizaban mucho las luces incandescentes, pero la mayoría de las alternativas más eficaces han ocupado su lugar. Estas lámparas de precio razonable emiten una luz cálida y amarilla. Debido a su espectro insuficiente y a su baja intensidad luminosa para el crecimiento óptimo de las plantas, sólo son parcialmente eficaces. Por lo tanto, no se recomienda cultivar marihuana con luz incandescente.

A los cultivadores inexpertos y a pequeña escala les gustan las luces fluorescentes, como las luces fluorescentes compactas (CFL) y las lámparas fluorescentes T5. Consumen menos energía y producen una luz blanca y fría. Para las plántulas, los clones y las plantas jóvenes en etapa vegetativa, la iluminación fluorescente es adecuada. Durante esta etapa, favorecen un crecimiento y un desarrollo sanos. La iluminación fluorescente puede resultar insuficiente para la floración y el crecimiento de cogollos gruesos debido a su limitado poder de penetración. Por ello, puede ser necesaria una iluminación adicional cuando las plantas se encuentran en la etapa de floración.

Debido a su alta intensidad luminosa y eficacia, las luces HID, como las de haluro metálico (MH) y las de sodio de alta presión (HPS), se emplean con frecuencia en el cultivo de marihuana en interior. Estas luces son famosas por su capacidad de proporcionar el espectro preciso de luz necesario para el mejor crecimiento posible de las plantas. Examinemos los dos tipos principales de luces HID:

La etapa vegetativa de las plantas de marihuana responde bien al espectro de luz blanca azulada y fría que emiten las luces de halogenuros metálicos (MH). Esta gama de luz favorece el crecimiento denso, el desarrollo de las hojas y la salud general de la planta. Las luces MH pueden utilizarse como fuente principal de luz durante todo el ciclo de desarrollo porque tienen una gran penetración de luz.

El espectro de luz cálido, naranja-rojo que emiten las luces de sodio de alta presión (HPS) es perfecto para la etapa de floración de las plantas de marihuana. Este espectro favorece el desarrollo de los cogollos, las flores y la resina. Las lámparas HPS de alta eficiencia ofrecen una penetración de la luz excepcional. Durante la etapa de floración, suelen emplearse como fuente de luz principal.

Los balastos son necesarios para que la iluminación HID controle el voltaje y encienda las lámparas. Estas luces producen mucho calor, por lo que se requieren sistemas de ventilación y refrigeración adecuados para proteger a las plantas del estrés térmico. Además, las luces HID consumen más energía que otras soluciones de iluminación, lo que puede suponer un mayor gasto en electricidad.

Debido a su bajo consumo de energía, su larga vida útil y su espectro luminoso adaptable, las luces de diodo emisor de luz (LED) se han hecho cada vez más populares en los últimos años. A continuación, se enumeran algunas de las principales ventajas de utilizar luces LED para el cultivo de marihuana en interior:

En comparación con las luces HID, las luces LED son mucho más eficientes energéticamente y consumen menos electricidad. Cuestan menos y generan menos calor porque producen más luz por vatio. La iluminación LED ayuda a los cultivadores a reducir el consumo de energía y a crear un entorno de cultivo más sostenible.

Es posible crear luces LED que emitan longitudes de onda particulares que se correspondan con las distintas etapas de crecimiento de las plantas de marihuana. Los cultivadores pueden mejorar el crecimiento de la planta, la producción de resina y la calidad general cambiando el espectro de luz. La iluminación LED ofrece versatilidad para satisfacer las necesidades únicas de la planta, ya que permite un control exacto sobre el espectro de luz.

En comparación con las luces HID, las luces LED generan mucho menos calor, lo que elimina la necesidad de sistemas de refrigeración elaborados. Esto elimina la posibilidad de que las plantas sufran estrés térmico, al tiempo que permite a los cultivadores mantener unas condiciones ideales de humedad y temperatura en la zona de cultivo. El entorno operativo más fresco que proporcionan las luces LED beneficia la salud y la vitalidad de las plantas en general.

En comparación con soluciones de iluminación alternativas, las luces LED ofrecen una vida útil más larga, lo que reduce la necesidad de mantenimiento y sustitución. Su longevidad se traduce en una reducción de costes a largo plazo. Para operaciones de cultivo a largo plazo, las luces LED son una solución de iluminación fiable y robusta.

En conclusión, elegir la solución de iluminación correcta es crucial para el cultivo de marihuana en interior con el fin de fomentar el crecimiento saludable de las plantas, maximizar los rendimientos y garantizar cogollos de alta calidad. Las luces HID (como MH y HPS) y las luces LED ofrecen opciones más prácticas que la iluminación incandescente y fluorescente, ambas con inconvenientes. Mientras que las luces LED ofrecen eficiencia energética, espectros personalizables, gestión del calor y una larga vida útil, las luces HID ofrecen una gran intensidad luminosa y un espectro de luz específico para las distintas etapas de crecimiento. Tener en cuenta estas alternativas de iluminación y sus ventajas individuales a la hora de evaluar las necesidades de producción en interior puede ayudar a garantizar un cultivo de marihuana eficaz y próspero.

Ciclos de luz e intensidad adecuados para las distintas etapas de crecimiento

La luz es un componente clave en la producción de plantas de marihuana, y es necesario proporcionar unos ciclos de luz y una intensidad adecuados a lo largo de las numerosas fases de crecimiento para maximizar la salud, el crecimiento y el rendimiento de la planta. Las circunstancias y los factores ideales para una producción productiva en interior se analizan en esta sección, en la que también se examina la importancia de los ciclos de luz y la intensidad adecuadas para cada etapa de crecimiento de las plantas de marihuana.

La etapa vegetativa es cuando las plantas de marihuana se concentran en la creación de un fuerte sistema radicular y en el crecimiento de las hojas. Los principales factores para los ciclos de luz y la intensidad son los siguientes:

Un ciclo de luz de 18 a 24 horas diarias es ideal para las plantas de marihuana cuando se encuentran en la etapa vegetativa. Este fotoperiodo prolongado simula la duración de un día de verano y favorece el crecimiento y la fotosíntesis.

Durante la etapa vegetativa, procure que la intensidad de la luz sea de unos 400-600 µmol/m²/s. Además de evitar el estiramiento, este rango ofrece luz suficiente para el desarrollo activo de las hojas.

Utilice un espectro distribuido uniformemente entre las longitudes de onda azul (400-500 nm) y roja (600-700 nm). A diferencia de la luz roja, que favorece un fuerte crecimiento del tallo, la luz azul fomenta el crecimiento vegetativo y la expansión de las hojas.

Las plantas de cannabis empiezan a concentrarse más en la formación de cogollos y la producción de resina durante la etapa de floración que en el crecimiento vegetativo. Los principales factores para los ciclos de luz y la intensidad son los siguientes:

Las plantas de cannabis necesitan un ciclo de luz más corto de 12 horas de luz seguidas de 12 horas de oscuridad continua cada día mientras están en la etapa de floración. Las plantas empiezan a florecer como resultado de este ciclo de luz, que simula los cambios estacionales reales.

Durante el periodo de floración, procure que los niveles de luz oscilen entre 600 y 1000 µmol/m²/s. Los rendimientos más altos y las flores más potentes son el resultado del aumento de la intensidad luminosa, que favorece el crecimiento de los cogollos y la producción de resina.

Aumente la cantidad de luz roja (600-700 nm) y disminuya la cantidad de luz azul durante la etapa de floración. El cambio de espectro favorece el desarrollo de los cogollos, las flores y la resina.

La intensidad y el ciclo de la luz deben ajustarse cuidadosamente para que una planta pase de la etapa vegetativa a la de floración. A continuación, se indican algunos aspectos a tener en cuenta para una transición sin problemas:

Reduzca el ciclo de luz gradualmente a lo largo de una o dos semanas, de vegetativo a floración, entre 15 y 30 minutos cada día.

Esta reducción constante de los niveles de luz contribuye a reducir el estrés y ayuda a las plantas a adaptarse a las circunstancias lumínicas cambiantes.

Durante la etapa de floración es esencial mantener un periodo de oscuridad regular de 12 horas. Cualquier interrupción de la luz durante la noche puede dificultar la floración y limitar la producción.

Para evitar cualquier fuga de luz no deseada durante la noche, asegúrese de que el espacio de cultivo es hermético a la luz. Las fugas de luz pueden dificultar el proceso de floración y tener un efecto perjudicial en el crecimiento de los cogollos.

Para mejorar la cobertura y la intensidad de la luz tanto en la etapa vegetativa como en la de floración, podría utilizarse iluminación adicional. Piense en estas posibilidades:

Para aumentar la penetración de la luz y promover un desarrollo más uniforme, se puede instalar iluminación adicional en los laterales de las plantas.

Gracias a su adaptabilidad y capacidad de personalización, las luces LED de cultivo pueden proporcionar el espectro de luz específico necesario para cada etapa de crecimiento. En comparación con las luces HID convencionales, consumen menos energía y producen menos calor.

Para distribuir la luz uniformemente por toda la planta, los dispositivos de movimiento de la luz son dispositivos motorizados que mueven las luces a lo largo de un riel. Esto garantiza que cada planta reciba suficiente luz, lo que se traduce en un crecimiento más uniforme y mayores rendimientos.

En conclusión, los ciclos y la intensidad de luz adecuados son Control de la temperatura, la humedad y la ventilacióncruciales para un cultivo de marihuana óptimo. La capacidad de ofrecer las mejores circunstancias para el desarrollo de las plantas, lo que se traduce en plantas sanas, mayores rendimientos y cogollos de mayor calidad, permite a los cultivadores comprender los requisitos precisos de luz de cada etapa de crecimiento. Los cultivadores pueden maximizar el potencial de su producción en interior y obtener buenos resultados utilizando los ciclos de luz, la intensidad y el espectro óptimos.

Gestión de la temperatura, la humedad y la ventilación

Es esencial controlar adecuadamente la temperatura, la humedad y la ventilación para crear una atmósfera que permita florecer a las plantas de marihuana. Estos elementos son esenciales para la salud, el desarrollo y el rendimiento general de las plantas. La importancia de controlar la temperatura, la humedad y la ventilación en el cultivo interior de marihuana se tratará en esta sección, junto con los métodos para crear el entorno de cultivo ideal.

Para que el desarrollo y las funciones metabólicas de la planta sean óptimos, se debe mantener el rango de temperatura adecuado. Los factores clave para controlar la temperatura son

Las plantas de cannabis prefieren un rango de temperatura de 21-29°C (70-85°F) mientras están en la etapa vegetativa. Este rango de temperatura favorece un crecimiento vegetativo fuerte, una absorción eficaz de nutrientes y un buen desarrollo de las raíces.

Mantener temperaturas ligeramente más bajas durante la fase de floración es crucial para promover el crecimiento de los cogollos y la producción de resina. Procure que la temperatura oscile entre 18 y 27 °C. Hacia el final de la fase de floración, las temperaturas más bajas pueden ayudar a aumentar la producción de resina y mantener los perfiles de terpenos.

Evite los cambios drásticos de temperatura porque podrían estresar a las plantas y causar problemas de crecimiento o incluso la pérdida de la cosecha. Mantenga una temperatura constante dentro del intervalo adecuado para favorecer el crecimiento constante de las plantas.

Las fuentes de iluminación de alta intensidad, como las luces HID o LED, pueden producir mucho calor. Utilice sistemas adecuados de circulación de aire, ventilación y refrigeración para disipar el calor y mantener una temperatura agradable. Para regular adecuadamente el calor, se suelen utilizar sistemas de intercambio de calor, extractores y aire acondicionado.

La transpiración de las plantas, la absorción de nutrientes y la probabilidad de aparición de moho u otras enfermedades fúngicas dependen en gran medida de las condiciones de humedad. Los factores clave para controlar la humedad son:

Una humedad relativa (HR) del 40-70% durante la etapa vegetativa. Los niveles de humedad más altos favorecen un desarrollo más rápido, pero un exceso de humedad puede aumentar el peligro de infecciones fúngicas. Mantener un nivel de humedad ideal y evitar el estancamiento del aire es posible gracias a una ventilación y un flujo de aire adecuados.

Para reducir el riesgo de podredumbre de los cogollos y la aparición de moho durante la etapa de floración, los niveles de humedad deben reducirse gradualmente. Para evitar un exceso de humedad en los densos cogollos, procure que los niveles de humedad relativa se sitúen entre el 40 y el 50 por ciento.

Para controlar los niveles de humedad, se suelen utilizar deshumidificadores, humidificadores y ventiladores. Los humidificadores aumentan la humedad cuando es demasiado baja, mientras que los deshumidificadores eliminan el exceso de humedad del aire. Además, los ventiladores oscilantes favorecen la circulación del aire, lo que reduce la posibilidad de que aparezca moho y evita que haya un exceso de humedad alrededor de las plantas.

Al sustituir el aire nuevo, eliminar el aire viciado y controlar los niveles de temperatura y humedad, una ventilación adecuada es crucial para garantizar un entorno de cultivo saludable. Piense en estos factores relacionados con la ventilación:

Al introducir aire fresco y eliminar el aire viciado del cuarto de cultivo, puedes garantizar un intercambio de aire regular. El aire fresco ayuda a mantener los niveles ideales de oxígeno y proporciona a las plantas el dióxido de carbono (CO2) que necesitan para la fotosíntesis.

La adición de dióxido de carbono puede mejorar el rendimiento y el desarrollo de las plantas. Para mantener los niveles ideales de CO2 en el cuarto de cultivo, que suelen estar entre 800 y 1500 partes por millón (ppm) durante el ciclo de luz, se pueden utilizar dispositivos de liberación controlada de CO2 o generadores de CO2.

Al mantener una atmósfera constante, una circulación de aire adecuada evita los puntos calientes, los mohos y las plagas. Al garantizar que todas las plantas reciban un flujo de aire suficiente y evitar las bolsas de aire estancado, los ventiladores oscilantes ayudan a difundir el aire fresco y reducen el peligro de infestaciones de moho o insectos.

Para dirigir eficazmente los flujos de aire y regular los niveles de temperatura y humedad, utilice sistemas de ventilación y conductos. Para eliminar los olores y garantizar un flujo de aire adecuado, el sistema puede conectarse con ventiladores en línea, ventiladores de conducto y filtros de carbón.

Para mantener unas condiciones de cultivo ideales, es esencial controlar periódicamente la temperatura, la humedad y la ventilación. Para medir y registrar estas variables, piense en utilizar dispositivos de control ambiental como termómetros, higrómetros y registradores de datos. Con el uso de estos conocimientos, los cultivadores pueden hacer los ajustes necesarios y crear un clima estable que sea beneficioso para sus plantas.

En conclusión, el crecimiento beneficioso de la marihuana de interior depende de un control cuidadoso de la ventilación, la humedad y la temperatura. Los cultivadores pueden establecer un entorno de cultivo ideal que fomente el crecimiento saludable de las plantas, reduzca el riesgo de enfermedades y maximice las cosechas proporcionando el rango de temperatura óptimo, controlando los niveles de humedad y manteniendo una circulación de aire adecuada. La eficacia total de la operación de cultivo dependerá de la observación constante y de las alteraciones en función de los requisitos particulares de cada etapa de crecimiento.

Capítulo VII

El Riego y la Irrigación

La importancia de las técnicas de riego adecuadas

Un componente crucial en el cultivo de plantas de marihuana es el agua. Para garantizar la salud de la planta, la absorción de nutrientes y el crecimiento en general, es esencial utilizar prácticas de riego adecuadas. En esta sección, examinaremos la importancia de utilizar los métodos de riego adecuados al cultivar marihuana, así como las variables a tener en cuenta, los errores a evitar y las mejores prácticas.

Mantener la salud y la vitalidad de las plantas de marihuana requiere conocer sus necesidades de riego. Es importante tener en cuenta estos aspectos:

A lo largo de las distintas etapas de crecimiento, las plantas de marihuana necesitan cantidades variadas de humedad. Las plantas suelen necesitar un riego más regular durante la etapa vegetativa, ya que están creciendo activamente y echando raíces. El riego puede reducirse durante el periodo de floración para evitar la sobresaturación y los posibles problemas de moho o podredumbre de los cogollos.

Las tasas de evaporación y transpiración del agua dependen de factores ambientales como la temperatura, la humedad y la intensidad de la luz. La pérdida de agua se acelera con temperaturas más altas y niveles de humedad más bajos, lo que hace necesario un riego más frecuente.

La capacidad de retención de agua y el calendario de riego dependen del tamaño de la maceta y de la etapa de desarrollo de las raíces. En comparación con las macetas más grandes, las macetas más pequeñas con menos espacio para las raíces pueden necesitar un riego más frecuente.

Evitar errores comunes que podrían perjudicar la salud de las plantas es crucial para garantizar un riego adecuado. Deben evitarse los siguientes errores comunes de riego:

Uno de los errores más frecuentes que cometen los nuevos cultivadores es regar en exceso. Puede provocar un crecimiento atrofiado, escasez de nutrientes y podredumbre de las raíces. Cuando las plantas se riegan con demasiada frecuencia o cuando los recipientes carecen de suficiente drenaje, el agua se acumula y asfixia las raíces, lo que conduce al riego excesivo.

Las plantas que reciben un riego insuficiente carecen de agua suficiente, lo que puede provocar su marchitamiento, el bloqueo de nutrientes y un crecimiento deficiente. Ocurre cuando las plantas no reciben suficiente agua o cuando el riego es irregular.

Cuando las plantas están sometidas a ciclos alternos de sequedad y humedad extremas, un riego irregular puede estresarlas e impedir su crecimiento. Para mantener constante el nivel de humedad del medio de cultivo, es esencial establecer un calendario de riego regular.

Cuando los cultivos se riegan demasiado pronto después de la cosecha, es más probable que aparezca moho y que se prolonguen los periodos de secado y curado. Unos días antes de la cosecha, el riego debe reducirse para permitir que las plantas se sequen completamente.

Seguir los procedimientos de riego recomendados garantiza que las plantas de marihuana reciban la cantidad adecuada de humedad y sigan creciendo sanas. Tenga en cuenta las siguientes recomendaciones:

En lugar de regar las hojas, riegue las plantas por la base, directamente sobre la tierra. Esto reduce la posibilidad de que los hongos propaguen enfermedades y mejora la absorción de agua por parte de la planta.

Al regar, humedezca bien el sustrato de cultivo hasta que el agua empiece a escurrir por la base de la maceta. Además de evitar el encharcamiento y mantener unos niveles óptimos de oxígeno en la zona radicular, este método garantiza un riego completo al tiempo que permite drenar el exceso de agua.

Entre riego y riego, deje que el medio de cultivo se seque un poco. Esto favorece el desarrollo de las raíces y evita la sobresaturación. El contenido de humedad del suelo puede evaluarse introduciendo el dedo uno o dos centímetros en la tierra.

La salud de las plantas depende en gran medida de la calidad del agua. Asegúrese de que el agua utilizada para hidratar las plantas de marihuana sea pura, tenga un pH equilibrado (alrededor de 6-7) y esté libre de contaminantes. Cuando sea necesario, los ajustes del pH mejoran la absorción de nutrientes.

Es fundamental respetar las proporciones de dilución y los programas de alimentación recomendados al utilizar soluciones nutritivas. Una alimentación insuficiente puede provocar una escasez de nutrientes, mientras que una alimentación excesiva puede quemarlos. Garantice el equilibrio y haga un seguimiento de la respuesta de la planta para modificar los niveles de nutrientes según sea necesario.

Se puede conseguir un riego uniforme utilizando sistemas de riego automatizados, como el riego por goteo o los sistemas hidropónicos. Estos sistemas ofrecen un riego preciso y regulado, reduciendo la posibilidad de errores humanos y garantizando una distribución uniforme del agua.

En conclusión, utilizar los métodos de riego adecuados es crucial para cultivar plantas de marihuana con éxito. Los cultivadores pueden fomentar un crecimiento sano, eliminar los problemas relacionados con el agua y aumentar el rendimiento general y la calidad de su cosecha si comprenden las necesidades de riego de las plantas, evitan los errores de riego frecuentes y ponen en marcha las mejores prácticas. Mantener un equilibrio de humedad saludable y sostener la vitalidad de las plantas de marihuana durante todo su ciclo vital dependerá de la constancia, el drenaje adecuado y la consideración de las condiciones ambientales.

Diferentes métodos de riego y sus ventajas

El suministro de agua a las plantas de marihuana y el mantenimiento de su salud y vitalidad dependen en gran medida del riego. Se debe utilizar la técnica de riego correcta para garantizar que se maximiza el uso del agua, la absorción de nutrientes y el desarrollo de la planta. En esta sección se examinarán las numerosas técnicas de riego utilizadas en la producción de marihuana, junto con sus ventajas, usos prácticos y mejores prácticas de implementación.

Se utiliza una regadera, una manguera o un rociador para regar físicamente cada planta como parte de la técnica de riego tradicional conocida como riego manual. El riego manual tiene varias ventajas, aunque requiere más trabajo y atención:

El riego manual permite a los cultivadores controlar de cerca cada planta y modificar el riego en función de sus necesidades particulares. Permite a los productores reaccionar inmediatamente a los cambios de los factores ambientales o de las necesidades de las plantas.

El riego manual es apropiado para cultivos a pequeña escala o cultivos boutique, ya que permite un control exacto del flujo y la distribución del agua. Puede dirigirse específicamente a la zona radicular, lo que reduce el desperdicio de agua para los productores.

Para los cultivadores principiantes o con recursos limitados, el riego manual es una opción rentable porque requiere poca inversión en equipos.

La solución nutritiva se inunda periódicamente en el medio de cultivo mediante la técnica de inundación y drenaje, tras lo cual se deja escurrir. Este ciclo presenta las siguientes ventajas:

El riego por inundación y drenaje favorece una absorción eficaz y reduce la posibilidad de desequilibrios nutricionales al garantizar una distribución uniforme de los nutrientes por toda la zona radicular.

La zona radicular se airea y oxigena cuando se drena la solución nutritiva. Esto ayuda a prevenir la aparición de condiciones anaeróbicas, fomenta la salud de las raíces y reduce el encharcamiento.

Las bombas y los temporizadores pueden automatizar los sistemas de inundación y drenaje, lo que los hace apropiados para operaciones a mayor escala. La automatización reduce la necesidad de mano de obra y ofrece ciclos de riego regulares.

A través de un sistema de tubos o emisores, el agua se aplica de forma lenta y precisa directamente a la zona radicular durante el riego por goteo. El riego por goteo ofrece una serie de ventajas:

Debido a su reducida evaporación y evacuación, el riego por goteo es muy eficiente desde el punto de vista hídrico. Proporciona agua directamente a la zona radicular, minimizando la pérdida de agua y fomentando el desarrollo de raíces más profundas.

Los cultivadores pueden añadir nutrientes o fertilizantes directamente al agua de riego mediante sistemas de riego por goteo, lo que garantiza un suministro preciso y específico de nutrientes.

Al reducir al mínimo la humedad de las hojas, el riego por goteo disminuye el riesgo de enfermedades fúngicas provocadas por un exceso de humedad en las hojas.

La ampliación de los sistemas de riego por goteo es sencilla y puede hacerse tanto para instalaciones agrícolas pequeñas como grandes. Tanto los sistemas de cultivo en tierra como los hidropónicos pueden utilizarlos.

En la técnica de cultivo sin suelo conocida como aeroponía, las raíces de las plantas se suspenden en el aire y se rocían periódicamente con una solución nutritiva. Esta innovadora técnica de riego ofrece algunas ventajas especiales:

Al exponer las raíces a una gran cantidad de oxígeno, la aeroponía favorece un rápido crecimiento y la absorción de nutrientes. Hay más oxígeno disponible, lo que puede traducirse en mayores rendimientos y tasas de crecimiento más rápidas.

En comparación con las técnicas de riego convencionales, la aeroponía consume mucha menos agua. El derroche de agua disminuye gracias a la capacidad del diminuto sistema de nebulización para suministrar nutrientes de forma precisa y estratégica.

La aeroponía elimina los patógenos del suelo y reduce el riesgo de enfermedades radiculares, ya que las raíces flotan en el aire. Además, reduce la necesidad de fungicidas o insecticidas.

Al ser pequeños y ocupar poco espacio, los dispositivos aeropónicos son perfectos para cultivos de interior o verticales.

Para facilitar la absorción de nutrientes y agua por parte de las raíces, la técnica de la película nutritiva (NFT) consiste en hacer pasar continuamente una fina película de solución nutritiva por el fondo de una cubeta o canal inclinado. Este método presenta las siguientes ventajas:

Dado que la fina película repone y hace circular continuamente la solución, los sistemas NFT utilizan menos agua y nutrientes.

Minimiza los residuos a la vez que suministra fertilizantes de forma continua.

En los sistemas NFT, la solución fertilizante fluye continuamente para garantizar que las raíces reciban suficiente oxígeno, fomentando un crecimiento sano y evitando el encharcamiento.

Los sistemas NFT pueden utilizarse tanto en superficies de cultivo pequeñas como grandes, ya que ocupan poco espacio. La forma inclinada aprovecha al máximo la superficie disponible al permitir la mayor densidad de plantas.

En conclusión, seleccionar la técnica de riego adecuada es esencial para un buen cultivo de marihuana. Teniendo en cuenta la eficiencia hídrica, el control de nutrientes, la prevención de enfermedades y el uso del espacio, cada técnica de riego tiene ventajas únicas. Independientemente del método de riego que elijan los cultivadores -riego manual, inundación y drenaje, riego por goteo, aeroponía o película nutritiva-, es fundamental tener en cuenta las necesidades específicas de las plantas, el alcance de la operación y los recursos disponibles. Con la técnica de riego adecuada, las plantas de marihuana pueden mantenerse sanas y productivas en general, manteniendo un uso óptimo del agua, la absorción de nutrientes y, en última instancia, el máximo rendimiento.

Prevención y solución de los problemas de riego más comunes

El éxito y la salud de las plantas dependen de una buena gestión del agua, que es un componente crucial del cultivo de marihuana. Sin embargo, los productores encuentran con frecuencia problemas con el riego, como el exceso de riego, el riego por debajo del nivel del agua y otros problemas típicos. En esta sección se expondrán métodos para prevenir y resolver estos frecuentes problemas de riego, garantizar una hidratación ideal y favorecer un rápido desarrollo de las plantas de marihuana.

Un error que mucha gente comete y que perjudica a las plantas de marihuana es el riego excesivo. Las plantas experimentan la pudrición de las raíces, deficiencias de nutrientes y un crecimiento atrofiado como resultado de recibir más agua de la que pueden utilizar eficazmente. He aquí algunos métodos para acabar con el riego excesivo y hacerle frente:

Asegúrate de que tus macetas tienen suficientes agujeros de drenaje para que salga el agua sobrante. De este modo, el agua no se acumulará en el fondo y sofocará las raíces.

Para saber cuánta humedad hay en el sustrato de cultivo, utiliza un medidor de humedad o una prueba rápida con el dedo. Para evitar el riego excesivo, deja que la tierra se seque un poco entre los ciclos de riego.

En función de elementos ambientales como la temperatura, la humedad y la etapa de crecimiento de la planta, ajuste la frecuencia de riego. La tasa de evaporación y transpiración del agua se ve afectada por estos factores, lo que obliga a modificar los programas de riego.

Elige un medio de cultivo que favorezca un buen drenaje, como una mezcla de tierra bien aireada o un medio sin tierra como el coco. Esto ayuda a evitar el encharcamiento al impedir que el agua se estanque.

Cuando las plantas no reciben suficiente agua para satisfacer sus necesidades, se produce el encharcamiento. Esto puede provocar el bloqueo de nutrientes, el marchitamiento y un desarrollo deficiente. Las siguientes tácticas se utilizan para prevenir y tratar los problemas relacionados con el encharcamiento:

Para asegurarse de que el medio de cultivo tiene suficiente humedad, compruebe su nivel con frecuencia. Tenga en cuenta factores como la temperatura y la humedad al ajustar el programa de riego a las necesidades de la planta.

Cuando riegue, asegúrese de utilizar una cantidad de agua adecuada para sumergir completamente la zona radicular. Un riego superficial puede provocar una hidratación inadecuada y una distribución desigual de la humedad.

Para evitar cambios en la humedad del suelo, cree un programa de riego regular. Regar de forma irregular puede estresar a las plantas e impedir su crecimiento.

Alrededor de la base de las plantas, extiende una capa de mantillo orgánico, como paja o virutas de madera. Al retener la humedad del suelo, el mantillo reduce la posibilidad de que las plantas se hundan.

Para la absorción de nutrientes y la salud general de las plantas, es esencial mantener el nivel ideal de pH del agua y garantizar una calidad adecuada del agua. Las siguientes tácticas pueden utilizarse para tratar los desequilibrios del pH y los problemas de calidad del agua:

Mida el pH del agua de riego con regularidad. Para el cultivo de marihuana, un rango de pH entre 6,0 y 7,0 suele ser adecuado. Para garantizar la mejor absorción posible de nutrientes, ajuste el pH según sea necesario utilizando soluciones de pH-up o pH-down.

Compruebe el pH y la pureza del agua del grifo antes de utilizarla. Para evitar posibles problemas derivados de un alto contenido en minerales o desequilibrios del pH, considere la posibilidad de utilizar agua filtrada o fuentes de agua alternativas, como agua de lluvia o de ósmosis inversa (OI).

Antes de regar, asegúrese de mezclar bien cualquier solución fertilizante que utilice y ajuste el pH según sea necesario. Las deficiencias de nutrientes o las toxicidades pueden deberse a soluciones mal mezcladas o a un pH desigual.

Enjuagar regularmente el medio de cultivo con agua simple de pH equilibrado ayudará a eliminar las sales no deseadas y la acumulación de minerales. Esto mantiene el pH del suelo en el rango adecuado y ayuda a prevenir el bloqueo de nutrientes.

Los factores ambientales pueden tener un gran impacto en las necesidades de riego y causar problemas de riego. Los siguientes factores pueden ayudar a mantener unos niveles de humedad ideales si se reconocen y se tienen en cuenta:

La baja humedad y las altas temperaturas pueden aumentar la transpiración de las plantas, lo que acelera la evaporación del agua. Debes ajustar el programa de riego para tener en cuenta el aumento de la pérdida de agua.

La evaporación y la transpiración son más fáciles en un cuarto de cultivo con circulación de aire y ventilación adecuadas, lo que ayuda a evitar la acumulación de humedad y reduce el peligro de enfermedades fúngicas.

Piense en el tamaño de los recipientes de cultivo en comparación con el tamaño y las necesidades de agua de la planta. Mientras que los recipientes pequeños se secan más rápidamente, los grandes retienen más humedad, lo que reduce al mínimo la necesidad de regarlos con frecuencia.

Tenga en cuenta la pluviosidad natural cuando cultive en exterior y modifique los programas de riego en consecuencia. Para evitar el riego excesivo, puede ser necesario reducir o suprimir el riego durante los periodos húmedos.

En conclusión, un cultivo de marihuana eficaz depende de que se eviten y resuelvan los problemas típicos del riego. Los cultivadores pueden asegurarse de que sus plantas reciben la cantidad adecuada de agua y nutrientes para un crecimiento máximo implementando sistemas para evitar el riego excesivo, el riego insuficiente, los desequilibrios del pH y los problemas de calidad del agua. Para fomentar un crecimiento sano de las plantas, es esencial controlar la humedad del suelo, modificar los programas de riego en función de las condiciones meteorológicas y asegurarse de que el medio de cultivo tenga un drenaje y una aireación adecuados. Los cultivadores pueden mejorar la salud de las plantas, reducir los problemas relacionados con el agua y, en última instancia, producir mayores rendimientos y cosechas de mayor calidad siendo conscientes de las necesidades particulares de las plantas de marihuana y utilizando las prácticas de riego adecuadas.

Capítulo VIII

Plagas, enfermedades y Prevención

Identificación de plagas y enfermedades comunes que afectan a las plantas de marihuana

Los cultivadores de cannabis se enfrentan a importantes retos derivados de plagas y enfermedades que podrían poner en peligro la salud y la productividad de sus plantas. Implementar métodos eficaces de prevención y control requiere ser capaz de identificar y reconocer las plagas y enfermedades más comunes. Esta sección describirá la identificación, los síntomas y las técnicas de gestión adecuadas de algunas de las plagas y enfermedades más típicas que perjudican a las plantas de marihuana.

Plagas Comunes:

Las arañas rojas son pequeños arácnidos que se alimentan de la savia de las plantas y causan telarañas, punteado y amarilleamiento de las hojas. Se desarrollan mejor en ambientes secos y cálidos. Se pueden encontrar observando regularmente el envés de las hojas y utilizando una lupa.

Los pulgones, pequeños insectos de cuerpo blando, se agrupan en el envés de las plantas para consumir su savia. Producen amarilleamiento, distorsión del crecimiento y acumulación de melaza pegajosa. Una infestación de pulgones puede determinarse mediante el examen visual de las plantas y la observación de hormigas atraídas por la melaza.

Los pequeños insectos alados llamados moscas blancas se alimentan de la savia de las plantas, lo que provoca el amarilleamiento de las hojas, la ralentización del crecimiento y la presencia de melaza pegajosa. Suelen encontrarse en el envés de las hojas. Las moscas blancas pueden volar en forma de nube si se perturban las plantas.

Los trips son insectos pequeños y alargados que se alimentan de los tejidos de las plantas y provocan un crecimiento deforme y vetas plateadas en las hojas. Se encuentran con frecuencia en las flores o los capullos y pueden propagar virus. Los trips o sus excrementos pueden ser visibles tras una investigación visual.

Unos pequeños insectos llamados mosquitos de los hongos ponen sus huevos en la tierra empapada. Sus larvas consumen los pelos radiculares, lo que provoca un crecimiento inadecuado de las raíces y una absorción insuficiente de nutrientes. Los mosquitos adultos pueden verse zumbando alrededor de las plantas o atrapados en trampas pegajosas amarillas porque les atrae la luz.

Enfermedades Comunes:

Una enfermedad fúngica llamada oídio causa manchas blancas y pulverulentas en hojas, tallos y brotes. La humedad elevada es ideal para esta enfermedad, que puede provocar el amarilleamiento de las hojas, ralentizar el desarrollo y reducir el rendimiento. La enfermedad puede identificarse observando el característico desarrollo polvoriento en la superficie de las plantas y las hojas.

La botritis, a veces denominada podredumbre del cogollo, es un hongo que afecta sobre todo a los cogollos y las flores. Produce un moho grisáceo que pudre y degrada las partes dañadas de la planta. La podredumbre de los cogollos puede distinguirse buscando decoloración, moho gris difuso y mal olor en los cogollos.

Una enfermedad fúngica conocida como septoriosis foliar causa manchas marrones oscuras en las hojas con halos amarillos. Suele empezar en las hojas inferiores y va subiendo. La septoriosis foliar puede identificarse observando las hojas por la aparición de varias manchitas marrones.

Una enfermedad común conocida como podredumbre de la raíz es provocada por una variedad de hongos que atacan las raíces, provocando su deterioro y dificultando la absorción de nutrientes y agua. El marchitamiento, el amarilleamiento del follaje, la reducción del desarrollo y la decoloración de las raíces son algunos de los síntomas. La podredumbre y el deterioro pueden verse si se examina detenidamente el sistema radicular.

El hongo fusarium provoca una afección vascular denominada marchitez por fusarium. Puede provocar la muerte de la planta, ya que produce hojas marchitas, amarillentas y caídas. La marchitez por fusarium puede distinguirse buscando decoloración, pardeamiento o ennegrecimiento en la parte inferior del tallo.

Tome medidas preventivas, como mantener la zona de cultivo limpia y bien ventilada, mantener una buena higiene y utilizar tierra o medios de cultivo esterilizados. Poner en cuarentena las plantas frescas o los clones antes de introducirlos en la zona de cultivo principal también puede ayudar a detener la propagación de plagas y enfermedades.

Adoptar técnicas de gestión integrada de plagas (GIP), que incluyen medidas de control culturales, mecánicas, biológicas y químicas.

Esto implica prácticas como mantener las plantas sanas, utilizar nematodos o insectos beneficiosos para combatir las plagas, colocar trampas o barreras y aplicar plaguicidas con moderación como último recurso.

Para deshacerse de las plagas, piense en adoptar terapias naturales como el aceite de neem, los jabones insecticidas o los insecticidas botánicos. Estas opciones pueden ser eficaces contra algunas plagas y son más seguras para el medio ambiente. También reducen la posibilidad de acumulación de productos químicos.

Si están disponibles, utilice cepas resistentes a la enfermedad. El peligro de infección puede reducirse considerablemente, así como la necesidad de una gestión rigurosa de las enfermedades, mediante la reproducción y selección de cepas resistentes de forma natural a las infecciones más comunes.

Revise las plantas con frecuencia para detectar cualquier indicio de enfermedad o plaga. La identificación temprana permite un tratamiento rápido, lo que reduce el riesgo de enfermedad o infestación generalizada. Si se actúa con rapidez, pueden evitarse daños importantes y aumentan las probabilidades de éxito de la gestión.

En conclusión, para una gestión y prevención eficaces, es esencial reconocer las plagas y enfermedades frecuentes que afectan a las plantas de marihuana. Los cultivadores pueden emplear métodos de control eficaces familiarizándose con los signos y rasgos de enfermedades y plagas como el oídio, los pulgones, la araña roja y la podredumbre de la raíz. Mantener la salud de las plantas, reducir los daños y aumentar el rendimiento dependen en gran medida de la prevención, la gestión integrada de plagas, los remedios orgánicos, las cepas resistentes a las enfermedades y la identificación temprana. Los cultivadores pueden defender con éxito sus plantas de marihuana de plagas y enfermedades si están atentos y utilizan medidas proactivas, lo que se traduce en un entorno de cultivo sano y fructífero.

Implementar medidas preventivas para minimizar los riesgos

Prevenir los problemas antes de que surjan suele ser más eficaz y eficiente que hacer frente a sus efectos después de que se hayan producido. La misma idea es válida para la producción de marihuana, donde tomar precauciones es crucial para reducir los peligros y garantizar un proceso de cultivo fructífero y exitoso. En esta sección, veremos las diferentes precauciones que se pueden tomar para disminuir los posibles problemas y fomentar un cultivo de marihuana productivo.

Es importante elegir la ubicación adecuada para el cultivo de marihuana. Ten en cuenta elementos como la seguridad, la cercanía a vecinos o espacios públicos y la exposición a la luz solar. La salud de las plantas puede mejorar y los problemas relacionados con robos o atenciones no deseadas pueden reducirse en un lugar con mucha luz solar, suficiente circulación de aire y privacidad.

Realice un análisis del suelo para determinar el pH y los niveles de nutrientes antes de plantar. Se puede crear un entorno de cultivo ideal para las plantas de marihuana modificando el pH del suelo y añadiendo los aditivos adecuados en función de los resultados de la prueba. Este método proactivo ayuda a evitar toxicidades o escasez de nutrientes durante la fase de producción.

Elimine las malas hierbas, la basura o los posibles hábitats de plagas del lugar elegido. Quitando los piedrecillas, alisando el suelo y asegurando un drenaje suficiente, puede crear un entorno de crecimiento ordenado y bien preparado. El riesgo de plagas, enfermedades o un desarrollo deficiente provocado por circunstancias ambientales desfavorables se reduce al mínimo con una preparación minuciosa del terreno.

Para detener la propagación de bacterias, enfermedades y plagas, limpie y esterilice con regularidad las herramientas, el equipo y los recipientes de jardinería. Este procedimiento reduce la posibilidad de contaminación cruzada y mantiene el entorno lo suficientemente limpio para el crecimiento de las plantas.

Utilice buenas técnicas de higiene personal cuando manipule plantas de marihuana. Antes de manipular las plantas o entrar en la zona de cultivo, lávate las manos completamente para reducir la entrada de plagas, enfermedades o productos químicos peligrosos.

Los residuos de las plantas, como ramas recortadas, hojas o restos de plantas cosechadas, deben eliminarse adecuadamente. Para evitar la propagación de enfermedades y reducir la probabilidad de infestaciones de insectos, retire inmediatamente de la zona de cultivo cualquier parte de planta muerta o enferma.

Establezca un sistema de control proactivo para revisar las plantas con frecuencia en busca de indicadores de plagas, enfermedades o desequilibrios de nutrientes. La detección temprana permite una intervención rápida y evita que los problemas se agraven. Para reconocer y vigilar las poblaciones de plagas, utilice lupas, trampas adhesivas u otros equipos de vigilancia.

Utilice medidas biológicas para gestionar las poblaciones de plagas, como insectos beneficiosos o ácaros depredadores. Al preservar un ecosistema sano dentro del huerto, estos depredadores naturales disminuyen la necesidad de pesticidas químicos y los riesgos que conlleva su uso.

Utilice técnicas culturales que prevengan las plagas y favorezcan la salud de las plantas. Esto implica mantener un saneamiento adecuado para eliminar los hogares de los insectos, sembrar plantas de compañía con hierbas o flores que repelan las plagas y permitir una circulación de aire adecuada entre las plantas.

Para evitar el riego excesivo o insuficiente, adopte técnicas de riego eficaces. Para proporcionar a las plantas un riego preciso y controlado, utilice métodos como el riego por goteo o sistemas automatizados. Absténgase de mojar en exceso las hojas, ya que esto puede favorecer la aparición de enfermedades.

Asegúrese de que el agua de riego sea de calidad. Utilice agua filtrada o de fuentes con bajo contenido en contaminantes, cloro o minerales. El agua de mala calidad puede dañar las plantas y aumentar el peligro de toxicidad o deficiencias nutricionales.

Lleve un registro exhaustivo de todas las actividades de cultivo, incluidas las fechas de plantación, las aplicaciones de nutrientes, las observaciones de plagas y enfermedades y cualquier medida correctiva. Los cultivadores pueden utilizar estos conocimientos como un recurso útil para futuros ciclos de cultivo, lo que les permitirá ver tendencias, modificar sus métodos y llegar a conclusiones acertadas.

Para reducir los peligros y fomentar el éxito del cultivo de marihuana, es crucial tomar precauciones preventivas. Los cultivadores pueden minimizar los posibles problemas y mejorar la salud y el rendimiento de sus plantas eligiendo cuidadosamente un emplazamiento adecuado, manteniendo unas prácticas higiénicas y sanitarias apropiadas, adoptando medidas de control integrado de plagas, gestionando el agua de forma eficiente y llevando un registro exhaustivo. Al poner más énfasis en la prevención, se fomenta que el cultivo de marihuana adopte un enfoque proactivo y a largo plazo, lo que disminuye la necesidad de medidas reactivas. Los cultivadores pueden establecer una atmósfera que fomente el crecimiento ideal de las plantas, reduzca los riesgos y, en última instancia, dé lugar a una cosecha sana tomando las precauciones necesarias.

Tratamientos orgánicos y químicos para el control de plagas y enfermedades

La salud y la productividad de las plantas de marihuana se ven seriamente amenazadas por plagas y enfermedades, que plantean graves dificultades a los cultivadores. Los cultivadores pueden elegir entre utilizar métodos químicos u orgánicos de control de plagas y enfermedades. Examinaremos las distinciones, beneficios y factores de ambas estrategias en esta sección, incluyendo detalles sobre la aplicación de tratamientos químicos y orgánicos para una gestión exitosa de plagas y enfermedades en el cultivo de marihuana.

El control ecológico de plagas y enfermedades se basa en implementar prácticas culturales. Esto implica el mantenimiento de un entorno de cultivo sano, así como el espaciado adecuado entre plantas, la rotación de cultivos y la siembra asociada. Estos métodos mejoran la resistencia de las plantas a las enfermedades, fomentan la biodiversidad y ahuyentan las plagas.

Una estrategia ecológica típica consiste en introducir insectos beneficiosos como ácaros depredadores, mariquitas o crisopas. Como se alimentan de las plagas, estos insectos reducen eficazmente sus poblaciones. Los cultivadores pueden controlar eficazmente las plagas sin recurrir a productos químicos creando un ecosistema equilibrado.

El aceite de neem, que se obtiene de las semillas del árbol de neem, se utiliza con frecuencia como pesticida y fungicida orgánico. Posee efectos antifúngicos e interfiere en la capacidad de los insectos para alimentarse y reproducirse. Si se aplica según las instrucciones, el aceite de neem se considera seguro tanto para las personas como para los insectos beneficiosos.

Las plagas de cuerpo blando, como pulgones, ácaros y moscas blancas, se controlan con éxito mediante jabones insecticidas, elaborados a partir de ácidos grasos naturales. Al dañar las membranas celulares de las plagas, provocan su deshidratación y, en última instancia, su muerte. Los seres humanos, los animales domésticos y los insectos útiles pueden utilizar jabones insecticidas sin ningún problema.

Los extractos de plantas son la fuente de pesticidas botánicos como la rotenona y la piretrina. Estas sustancias orgánicas son eficaces contra diversas plagas y tienen escasos efectos sobre el medio ambiente. Sin embargo, hay que tener cuidado al utilizarlas, ya que pueden matar insectos beneficiosos y vida acuática.

Para el control de plagas se utilizan con frecuencia insecticidas sintéticos como los piretroides y los organofosforados. Son bastante buenos para deshacerse de diversas plagas, pero deben utilizarse con cuidado y siguiendo las precauciones de seguridad. Pueden destruir insectos beneficiosos, poner en peligro el ecosistema y perjudicar a las personas debido a su naturaleza no selectiva.

Los fungicidas son sustancias creadas especialmente para el control de trastornos relacionados con los hongos. Los hay de varios tipos, como los fungicidas de contacto y los sistémicos. Aunque son eficaces en el tratamiento de los hongos, algunos fungicidas deben rotarse o utilizarse en combinación, ya que pueden hacer que las enfermedades se vuelvan resistentes a ellos.

Las plantas absorben los insecticidas sistémicos, que son transportados a través de su sistema vascular. Proporcionan un control duradero de las plagas, ya que los insectos consumen la toxina al comer la planta. Sin embargo, los insecticidas sistémicos pueden dañar tanto a las criaturas a las que no van dirigidos como a los seres humanos.

La GIP (Gestión Integrada de Plagas) combina la aplicación prudente de tratamientos químicos con otras estrategias de control de plagas. Los agricultores pueden reducir el uso de plaguicidas y aplicarlos selectivamente cuando sea necesario combinando los tratamientos químicos con prácticas culturales, vigilancia y controles biológicos.

La seguridad debe ser siempre lo primero, tanto si se emplean tratamientos orgánicos como químicos. Para evitar accidentes y limitar la exposición, siga todas las instrucciones de la etiqueta, póngase el equipo de seguridad adecuado, manipule y almacene de forma segura los productos químicos.

La adopción de una estrategia integrada que incorpore prácticas culturales, controles biológicos y tratamientos químicos específicos puede controlar eficazmente las plagas y enfermedades, reduciendo al mismo tiempo los efectos adversos sobre el medio ambiente y los organismos útiles.

Las plagas y enfermedades pueden volverse resistentes a los tratamientos químicos repetidos. Cambie las clases de productos químicos que utiliza y piense en soluciones no químicas para combatir la resistencia.

Es fundamental estar informado y cumplir las normas locales sobre el uso de plaguicidas al aplicar tratamientos químicos. Conozca las normas de la ley, como las restricciones de aplicación, las ventanas previas a la cosecha y los requisitos de notificación.

En conclusión, los cultivadores de marihuana tienen dos opciones para prevenir las plagas y enfermedades: los tratamientos químicos y los orgánicos. En los tratamientos orgánicos se hace hincapié en los pesticidas naturales, las prácticas culturales y los insectos beneficiosos, mientras que en los tratamientos químicos se dispone de una variedad de insecticidas y fungicidas sintéticos. Los agricultores deben dar prioridad a la seguridad, la gestión de la oposición y el cumplimiento de la ley, sopesando los beneficios e inconvenientes de cada estrategia. Se puede conseguir una gestión eficaz de las plagas y enfermedades, al tiempo que se mantiene un entorno de cultivo sano y sostenible, utilizando una estrategia integrada que aproveche las ventajas de los tratamientos orgánicos y químicos.

Capítulo IX

Recolección y Curado

Determinar el momento adecuado para cosechar las plantas de marihuana

La calidad, la potencia y los efectos de la marihuana en su conjunto dependen en gran medida del momento de la cosecha. Cuando los cogollos se cosechan demasiado pronto, pueden estar poco desarrollados y tener menos THC, mientras que los cogollos que se cosechan demasiado tarde pueden estar demasiado maduros, sujetos a moho y contener menos cannabinoides beneficiosos. En esta sección, examinaremos los elementos, como las señales visuales, la madurez de los tricomas y los efectos deseados del producto final, que deben tenerse en cuenta a la hora de elegir el mejor momento para cosechar las plantas de marihuana.

Un método para determinar la madurez de las plantas de marihuana consiste en observar los pistilos, las estructuras en forma de pelo de los cogollos. Los pistilos son primero blanquecinos y salientes. Los pistilos de la planta madura cambian de color a medida que crece, y la mayoría de las variedades pasan del blanco al naranja, rojo o marrón. La planta ha alcanzado una etapa específica de madurez cuando está lista para la cosecha, cuando la mayor parte de los pistilos han cambiado de color.

Se puede obtener información adicional sobre la madurez de los cogollos analizando su estructura y densidad. Los cogollos completamente formados tienden a ser compactos y a estar muy juntos, lo que indica que están preparados para la cosecha. Si los cogollos están sueltos y aireados, puede ser señal de que la planta aún necesita más tiempo para madurar.

Las hojas pueden empezar a decolorarse y mostrar déficit de nutrientes a medida que la planta madura. Este amarilleamiento, que envía recursos a los cogollos, es una fase normal del ciclo vital de la planta. Pero el amarilleamiento extremo podría ser un signo de desequilibrios nutricionales u otros problemas que deben abordarse antes de la cosecha.

La mayoría de los cannabinoides de la planta, incluidos el THC y el CBD, se encuentran en las pequeñas estructuras cristalinas llamadas tricomas que recubren los cogollos. Los cultivadores estudian cuidadosamente los tricomas con una lupa o un microscopio para determinar el momento ideal de la cosecha. Los tricomas suelen ser transparentes en las primeras etapas de la floración.

Pasan de ser claras a turbias o blancas lechosas a medida que la planta envejece. Esto sugiere que la síntesis de cannabis ha aumentado.

Los cultivadores también prestan atención al color y la transparencia de los tricomas, además de cómo se desarrollan. Si los tricomas son transparentes, es posible que la planta aún no haya madurado del todo y tenga niveles más bajos de THC. Un producto con mayor potencia y contenido máximo de THC tendrá tricomas turbios o lechosos. Para obtener un efecto más calmante o sedante, algunos cultivadores prefieren cosechar cuando los tricomas tienen una combinación de color turbio y ámbar.

Retira un pequeño cogollo u hoja y colócalo sobre una superficie limpia para comprobar la madurez de los tricomas. Para obtener un primer plano de los tricomas, utilice una lupa o un microscopio. Para obtener una imagen precisa de la madurez general de la planta, sea paciente y recoja numerosas muestras de varias regiones de la planta.

Los resultados deseados del producto final son factores clave a la hora de decidir cuándo cosechar. Hay varias cepas que proporcionan propiedades estimulantes, elevadoras o calmantes.

Los cultivadores pueden cosechar en el momento perfecto para obtener los resultados deseados teniendo en cuenta las características de la variedad y el resultado deseado.

El momento de la cosecha también se ve influido por los perfiles de cannabinoides, como las concentraciones de THC y CBD. Un tiempo de floración un poco más largo puede ser beneficioso para las cepas con mayores concentraciones de CBD para aumentar la producción de CBD. Por otro lado, las variedades con predominancia de THC podrían cosecharse antes para mantener los efectos psicoactivos necesarios.

Los terpenos son las sustancias aromáticas encargadas de conferir a las distintas variedades de marihuana sus aromas y olores únicos. Al permitir el desarrollo de diversos perfiles de terpenos, la cosecha a tiempo mejora toda la experiencia sensorial del producto final.

Muchos cultivadores utilizan un periodo de lavado antes de la cosecha durante el cual dejan de alimentar a la planta con nutrientes. Esto permite eliminar los nutrientes sobrantes de la planta, lo que produce un humo más limpio y suave. Antes de la cosecha, el lavado suele durar una o dos semanas.

Los cultivadores disponen de diversas alternativas de cosecha en función de sus preferencias y del tamaño de su explotación. Mientras que a algunos les gusta cosechar toda la planta de una vez, otros prefieren hacerlo gradualmente, concentrándose sobre todo en los cogollos superiores y dando más tiempo a los inferiores para que se desarrollen. La integridad y pureza de los cogollos se preservan durante la cosecha con un recorte y una manipulación cuidadosos.

El momento ideal para cosechar las plantas de marihuana depende de diversos factores, como las señales visuales, la madurez de los tricomas, los efectos deseados y las características de la cepa. Los cultivadores deben observar atentamente las alteraciones visibles en el color de los pistilos, la estructura de los cogollos y el amarilleamiento de las hojas. Además, observar el crecimiento de los tricomas y evaluar su transparencia y color ofrecen información vital sobre la producción y eficacia de los cannabinoides. El periodo de cosecha ideal para un resultado concreto viene determinado por la comprensión de los efectos deseados y las características de la variedad. Los cultivadores pueden alcanzar la calidad y los efectos deseados de sus plantas de marihuana teniendo en cuenta estas variables y utilizando los procesos de lavado y cosecha adecuados.

Técnicas y herramientas de recolección adecuadas

La calidad, la potencia y el rendimiento general de la cosecha dependen del éxito de la recolección de las plantas de marihuana, lo que la convierte en una fase crucial del proceso de cultivo. Para obtener los mejores resultados, los métodos de cosecha adecuados y el uso de herramientas apropiadas son cruciales. Esta sección abordará los métodos de cosecha alternativos, la importancia de una buena cosecha y el equipo clave necesario para una cosecha exitosa de plantas de marihuana.

Para que el producto final tenga la potencia y los efectos requeridos, es esencial una cosecha adecuada. Cuando los cogollos se cosechan demasiado pronto, pueden estar poco desarrollados y contener menos THC, mientras que los cogollos que se cosechan demasiado tarde pueden estar demasiado maduros y ser susceptibles a la aparición de moho y a la descomposición de los cannabinoides.

La mayoría de los cannabinoides de la planta se encuentran en los tricomas, las pequeñas glándulas de resina de los cogollos. La madurez máxima de los tricomas, denotada por un aspecto turbio o lechoso, se garantiza mediante una cosecha adecuada. La producción y la potencia del cannabinoide se maximizan cosechando en este momento.

Los terpenos, los compuestos aromáticos que dan a muchas variedades de marihuana sus aromas y olores distintivos, son frágiles y pueden descomponerse con el tiempo. El perfil de terpenos se conserva mediante el uso de métodos de cosecha adecuados, que mejoran el atractivo sensorial general del producto final.

En la cosecha de planta entera, se corta toda la planta de marihuana a la vez. Es apropiada para pequeños cultivadores o cuando la mayor parte de la planta ha alcanzado el nivel ideal de madurez. Para secarla, se puede colgar toda la planta boca abajo, lo que simplifica el procedimiento y lo hace más eficaz.

Las ramas o colas individuales se recogen durante la recolección selectiva a medida que alcanzan su madurez ideal. Este método resulta útil cuando las distintas secciones de la planta maduran a ritmos diferentes. Permite a los cultivadores aumentar la productividad y garantizar que cada rama o cola que se cosecha está en la cima de su potencia.

En la cosecha escalonada se utilizan tanto la cosecha selectiva como la de plantas enteras. Se emplea con frecuencia cuando se cultivan numerosas plantas de la misma variedad. Los cultivadores pueden beneficiarse de un suministro constante de cogollos nuevos y maduros durante un periodo de tiempo considerable cosechando las plantas en distintos periodos.

Durante el proceso de cosecha, se necesitan tijeras de podar para cortar los pesados tallos y ramas. Producen cortes limpios y precisos que minimizan los daños a la planta y mantienen la calidad general de los cogollos.

Para recortar las hojas y el follaje sobrantes de los cogollos recolectados, se emplean tijeras de poda. Permiten un recorte cuidadoso, garantizando que sólo se conserven los componentes deseados de la planta, como los cogollos completamente formados. El uso de tijeras precisas y bien fabricadas mejora la eficacia y la eficiencia de la poda.

Los guantes ayudan a mantener limpia la zona de cosecha e impiden que contaminantes como aceites, suciedad y otras impurezas lleguen a los cogollos. Se suelen utilizar guantes de nitrilo o látex, que protegen tanto al cultivador como al material vegetal cosechado.

Los cogollos deben secarse cuidadosamente después de la cosecha para mantener su calidad. Para colgar los cogollos boca abajo y permitir un secado uniforme y la circulación del aire, utilice rejillas o perchas de secado. El riesgo de moho se reduce y la potencia de los cogollos se mantiene con un secado adecuado.

Los cogollos recolectados deben secarse antes de guardarlos en recipientes adecuados para conservar su frescura, evitar que se deterioren y protegerlos de la luz y la humedad. El almacenamiento a largo plazo se realiza a veces en tarros de cristal con cierre hermético, lo que permite un curado adecuado y preserva el sabor y la potencia de los cogollos.

El perfil de terpenos de las plantas de marihuana se puede preservar y se puede evitar la pérdida de sustancias volátiles por evaporación cosechando las plantas de marihuana por la mañana, cuando la temperatura es más fresca y la humedad suele ser más alta.

Es esencial manipular los cogollos con cuidado durante la cosecha para proteger los tricomas. Los tricomas pueden perderse como consecuencia de una manipulación excesiva, un estrujamiento o un tratamiento abrasivo, lo que también disminuye la calidad del producto.

El procedimiento de secado y curado es esencial para garantizar el sabor, la potencia y la suavidad óptimos de los cogollos tras la cosecha. Para evitar la aparición de moho y preservar los perfiles de terpenos y cannabinoides, es importante secar adecuadamente los cogollos cosechados en un entorno regulado con ventilación suficiente y humedad moderada.

En conclusión, unos métodos de cosecha eficaces y el uso de instrumentos adecuados son esenciales para obtener los mejores resultados en el cultivo de marihuana. La potencia requerida y la experiencia sensorial del producto final se garantizan cosechando en el momento ideal, cuando los tricomas están maduros y se forman los terpenos. Los cultivadores pueden adaptar su estrategia para satisfacer sus demandas únicas utilizando la cosecha de toda la planta, la cosecha selectiva o la cosecha escalonada. Un procedimiento de cosecha fluido y eficaz es posible gracias a las herramientas necesarias, como tijeras de podar, tijeras de podar, guantes, rejillas o perchas de secado y contenedores de almacenamiento. Los cultivadores pueden disfrutar de cogollos de marihuana fuertes y de alta calidad que son un reflejo de su habilidad y trabajo duro poniendo en marcha estas mejores prácticas y prestando mucha atención a cada pequeño aspecto.

La importancia del curado y secado para el sabor y la potencia

En el proceso de cultivo de la marihuana, el curado y el secado son fases cruciales que tienen un impacto significativo en el sabor, la potencia y la calidad general del producto final. A través de estos procedimientos, se puede eliminar la humedad extra, preservar los perfiles de terpenos y producir sabores y fragancias agradables al paladar. La importancia del curado y el secado en el cultivo de marihuana se tratará en esta sección, junto con las variables que los afectan y los métodos y mejores prácticas para obtener el mejor sabor y potencia.

El curado es el acto de almacenar los cogollos de marihuana cosechados en una atmósfera controlada y permitir que se sequen lentamente con el tiempo. Esta técnica permite la formación de sabores, fragancias y suavidad preferibles, al tiempo que descompone la clorofila y otras sustancias químicas indeseables.

El secado es la primera etapa después de la cosecha en la que se reduce el contenido de humedad de los cogollos. Este paso es esencial para evitar la formación de moho y mantener la potencia del cannabis. El secado adecuado sienta las bases para el posterior proceso de curado.

Durante el curado y el secado, es fundamental mantener las condiciones adecuadas de humedad y temperatura. Lo normal es establecer una temperatura de 15-21°C (60-70°F) y un nivel de humedad del 45-55%. Estas circunstancias favorecen la mejor conservación de los terpenos, la descomposición óptima de la clorofila y la ausencia de moho.

Es esencial que haya suficiente circulación de aire durante el secado y el curado para evitar bolsas de humedad que podrían desarrollar moho. Además de eliminar los olores desagradables, una buena circulación de aire permite que los cogollos se sequen y curen uniformemente.

Los cannabinoides y los terpenos pueden degradarse por la exposición directa al sol durante el curado. Se recomienda utilizar recipientes opacos o almacenar los cogollos en curado en una habitación completamente oscura o con poca luz.

Los sabores y fragancias deseables en los cogollos de marihuana se desarrollan en gran parte como resultado del curado y secado. Como resultado de la descomposición de la clorofila y otras sustancias durante el proceso de curado, el humo o vapor es más suave y menos áspero, lo que permite que destaquen los sabores y matices genuinos de la cepa.

Los terpenos, los componentes aromáticos de la marihuana, son esenciales para los sabores y las propiedades curativas de diversas cepas. Los consumidores disfrutarán de una experiencia más agradable y aromática gracias a un curado y secado adecuados, que conservan y mejoran el perfil de terpenos.

Cannabinoides como el THC y el CBD pierden parte de su potencia durante el curado y el secado. Los cultivadores pueden preservar la potencia y maximizar los efectos eufóricos y medicinales de las plantas de marihuana permitiendo que los cogollos se sequen y curen adecuadamente.

Los cogollos de marihuana deben colgarse boca abajo en una habitación con humedad y ventilación moderadas para que se sequen correctamente. Esto hace posible un secado progresivo y un flujo de aire uniforme. Para evitar la pérdida de cannabinoides y terpenos, evite utilizar técnicas de secado rápido como microondas u hornos.

El proceso de curado consiste en colocar los cogollos secos en recipientes herméticos, como tarros de cristal, y abrirlos periódicamente para dejar salir la humedad extra y añadir oxígeno. Este procedimiento permite una mayor descomposición de la clorofila, el desarrollo del sabor y la transformación de olores desagradables y a hierba en olores agradables.

El secado y el curado requieren tiempo. Las prisas pueden provocar la aparición de moho, un secado desigual y un producto final de mala calidad. La clave para obtener el mejor sabor y potencia es la paciencia.

Durante el curado y el secado, es esencial controlar regularmente la humedad, la temperatura y el flujo de aire. Los cultivadores pueden mantener las condiciones adecuadas para cada etapa utilizando higrómetros y termómetros.

Para eructar y rellenar de oxígeno, es necesario abrir brevemente los recipientes de curado. Este proceso ayuda a prevenir la formación de moho y favorece la aparición de sabores deliciosos.

Tras el primer proceso de curado, los cogollos curados pueden mantenerse frescos y de alta calidad durante mucho tiempo si se conservan en un entorno frío, oscuro y seco.

En conclusión, las etapas del cultivo de marihuana conocidas como curado y secado son cruciales porque tienen un gran impacto en el sabor, la potencia y la calidad general del producto final. Mediante un curado adecuado se crean sabores y olores deseables y se descomponen los componentes indeseables. El secado elimina eficazmente el exceso de humedad e inhibe la formación de moho. Los cultivadores pueden producir cogollos con sabores mejorados, perfiles de terpenos conservados y máxima potencia conociendo los elementos que afectan a estos procesos y poniendo en marcha las mejores prácticas, como controlar la humedad y la temperatura, asegurarse de que hay un flujo de aire adecuado y tener paciencia. Para cualquier cultivador de marihuana que desee ofrecer a sus clientes una experiencia cannábica superior y satisfactoria, el curado y el secado son procedimientos cruciales.

Capítulo X

Procesado Post-cosecha
y Consumo

Recorte y manicura de brotes para un acabado profesional

En el proceso de producción de la marihuana, el recorte y el manicurado son etapas esenciales que mejoran la calidad general y el aspecto del producto acabado. Con estos métodos, se recorta el follaje sobrante y se ajusta el aspecto de los cogollos, creando un producto final estéticamente más agradable y comercializable. En esta sección examinaremos la importancia del recorte y el manicurado, las ventajas que aportan y los métodos y mejores prácticas para obtener un acabado pulido.

El recorte es el proceso de eliminar las hojas sobrantes y el material indeseable de los cogollos. Este procedimiento mejora el aspecto general de las flores, deja al descubierto los tricomas y mejora la circulación del aire y la penetración de la luz.

El manicurado es el proceso de eliminar suavemente las hojas, tallos u otros defectos sobrantes para mejorar el aspecto de los cogollos. Este proceso contribuye al desarrollo de un producto visualmente atractivo y de gran demanda.

Los cogollos de marihuana tienen mucho mejor aspecto después de haber sido recortados y cuidados. Los cogollos adquieren un aspecto pulcro, cuidado y profesional que resulta visualmente atractivo para los clientes al recortar el follaje sobrante y perfeccionar su apariencia.

Al eliminar los sabores fuertes y desagradables y favorecer una combustión suave y uniforme, el recorte de las hojas y tallos sobrantes mejora la experiencia de fumar o vaporizar. Los cogollos que se han recortado correctamente ofrecen una mejor experiencia de consumo.

El valor de mercado de los cogollos de marihuana aumenta con una poda y un manicurado adecuados. Los cogollos estéticamente atractivos y bien cuidados suelen considerarse de calidad superior y pueden alcanzar un precio más alto en el mercado.

El recorte manual consiste en eliminar suavemente las hojas y otros materiales indeseables de los cogollos con tijeras o tijeras de podar. Muchos cultivadores que valoran mucho la calidad y el cuidado de los pequeños detalles eligen este método, ya que permite un control perfecto.

El recorte a máquina consiste en automatizar el procedimiento de recorte con equipos especializados. Aunque es eficaz para operaciones a gran escala, el recorte manual puede ofrecer un mayor nivel de precisión y elegancia.

El recorte de los cogollos cuando aún están húmedos tras la cosecha se conoce como "manicurado en húmedo". Este método puede ser útil porque el contenido de humedad facilita el recorte, pero debe hacerse con cuidado para proteger los frágiles tricomas.

El recorte de los cogollos una vez secos se conoce como "manicurado en seco". Como los cogollos secos son menos propensos a adherirse al equipo de recorte, este método permite un mejor control y conservación de los tricomas. Para conseguir un acabado pulcro y profesional, se necesita más tiempo y atención.

Para obtener cortes exactos y reducir el daño a los cogollos, debe invertir en unas buenas tijeras o tijeras de podar. Las herramientas bien cuidadas y afiladas garantizan un resultado pulido y reducen la posibilidad de contaminación.

El recorte y la manicura pueden llevar mucho tiempo, pero es importante reservar tiempo suficiente y ser paciente. Las prisas pueden provocar cortes desiguales, brotes rotos o defectos no detectados.

Al cortar y hacer la manicura, es fundamental mantener el espacio de trabajo limpio e higiénico. Esto ayuda a prevenir la transmisión de enfermedades, el crecimiento de moho o la contaminación.

Los tricomas son glándulas de resina muy apreciadas que contienen terpenos y cannabinoides. Para reducir la pérdida de tricomas, hay que tener cuidado al manipular los cogollos. Se puede evitar que los tricomas se adhieran lubricando el equipo con alcohol o utilizando recubrimientos antiadherentes.

La clave para conseguir un pulido profesional es la consistencia. Todos los cogollos deben recortarse con la misma calidad para conservar un aspecto uniforme y aumentar la comerciabilidad del producto.

Las hojas recortadas y los recortes pueden seguir conteniendo valiosos cannabinoides. No se pierden recursos inestimables conservando adecuadamente este material para su uso posterior en concentrados o comestibles.

En conclusión, el recorte y el manicurado son pasos cruciales en el proceso de cultivo de marihuana que mejoran la calidad general, el atractivo y la comerciabilidad del producto final. Los cultivadores pueden lograr un acabado profesional que aumente el atractivo y el valor de sus cogollos de marihuana recortando el exceso de follaje, ajustando el aspecto de los cogollos y siguiendo las mejores prácticas, como utilizar herramientas fiables, ser paciente, mantener las cosas limpias y preservar los tricomas. El cuidado preciso de la poda y el manicurado es una prueba del compromiso y la habilidad de los cultivadores, que a la larga dan lugar a un producto mejor y más apreciado por los consumidores.

Diferentes métodos de consumo y sus efectos

El consumo de marihuana ha cambiado sustancialmente a lo largo del tiempo, ofreciendo a los usuarios una gran variedad de opciones entre las que elegir. El mercado del cannabis ha visto un aumento en la variedad de formas de consumo, desde los métodos convencionales de fumar hasta enfoques avanzados. En esta sección, examinaremos las distintas técnicas de consumo de marihuana, sus efectos sobre el cuerpo y la mente, y las variables a tener en cuenta a la hora de tomar una decisión.

Métodos para Fumar:

Las formas más tradicionales y conocidas de consumir marihuana son los porros y los canutos. Consisten en liar marihuana molida en envoltorios de puros ahuecados o en hojas de liar. Normalmente, los efectos aparecen pronto y te dan un subidón.

Inhalar el humo de la marihuana a través de pipas y bongs requiere el uso de aparatos específicos. Mientras que los bongs utilizan la filtración de agua para enfriar y suavizar el humo, las pipas son compactas y portátiles. Ambos métodos proporcionan distintas sensaciones al fumar, aunque los bongs suelen ofrecer un efecto más suave.

La filtración del agua se utiliza en las pipas de agua, también llamadas "bubblers" o "hookahs", para enfriar y filtrar el humo. El agua elimina ciertos contaminantes y facilita la respiración. En situaciones sociales, las pipas de agua se utilizan con frecuencia y pueden mejorar el sabor y la experiencia general de fumar.

Métodos de Vaporización:

Las flores o concentrados de cannabis se calientan en vaporizadores de hierbas secas a una temperatura que hace que se produzca vapor sin combustión. Con esta técnica, se eliminan los efectos negativos de los subproductos de fumar y la inhalación es más limpia y cómoda.

Los vape pens, también conocidos como vaporizadores, son pequeños dispositivos encubiertos que calientan cartuchos o aceite concentrado de cannabis. Con sus numerosos sabores y variedades, así como sus ajustes de temperatura regulables, ofrecen una forma práctica y eficaz de consumir marihuana.

Comestibles:

Los comestibles son alimentos y bebidas que contienen marihuana. Estos productos incluyen cannabinoides que se han extraído de la planta y se suelen utilizar en recetas en forma de aceites o mantequillas. Aunque el inicio puede ser gradual y la potencia puede variar, los comestibles ofrecen un efecto discreto y duradero.

Tinturas y Sublinguales:

Las tinturas son extractos líquidos de marihuana que se crean empapándola en glicerina o alcohol. Bajo la lengua, se administran tinturas o aceites infundidos con cannabis para su absorción sublingual. Este método es muy apreciado por los usuarios medicinales debido a su rápida aparición y al control preciso de la dosis.

Tópicos:

Las lociones, bálsamos y aceites que se aplican directamente sobre la piel son ejemplos de productos tópicos. Sin tener efectos psicotrópicos, ofrecen un alivio localizado del dolor, la inflamación y los trastornos cutáneos. Para quienes buscan ventajas medicinales sin los efectos eufóricos de la marihuana, los productos tópicos son adecuados.

Concentrados:

Los concentrados son formas fuertes de marihuana que pasan por procedimientos de extracción para separar cannabinoides como el THC o el CBD. Los concentrados más utilizados hoy en día incluyen el wax, el shatter y los aceites. Estas sustancias pueden ingerirse por vía oral, vaporizarse, pincharse o mezclarse en comestibles.

La aparición y duración de los efectos varía en función de la técnica de ingesta. Mientras que los comestibles pueden tardar más en hacer efecto pero ofrecen una experiencia más duradera, fumar o vaporizar a menudo ofrece un inicio más rápido pero una duración más corta.

Algunas técnicas, como las tinturas y los comestibles, permiten un control exacto de la dosis, por lo que son adecuadas para las personas que necesitan tomar medicamentos en dosis terapéuticas específicas. Fumar es un método que puede ofrecer una gestión menos exacta de la dosis.

Piensa si el método de consumo es apropiado para contextos sociales o si la discreción es más importante. Comer comestibles y tomar tinturas ofrecen alternativas más disimuladas a fumar o vaporizar en público que pueden no ser social o prácticamente aceptables.

Debido a la inhalación de humo, algunas prácticas, como fumar, pueden tener efectos perjudiciales para la salud. Los comestibles y la vaporización son dos métodos que reducen estos riesgos. Las personas con problemas respiratorios o inquietudes al respecto deberían plantearse otros enfoques.

En conclusión, los consumidores disponen de una amplia gama de opciones para satisfacer sus preferencias y necesidades debido a la variedad cada vez mayor de métodos de consumo de marihuana. Cada forma de fumar ofrece un conjunto diferente de efectos y ventajas, desde fumar de forma convencional hasta inventos contemporáneos como vaporizadores, comestibles y tópicos. A la hora de elegir una técnica de consumo, hay que tener en cuenta factores como el momento de inicio, la duración, la gestión de la dosis, la aceptabilidad social y los problemas de salud. Las personas pueden disfrutar de la marihuana de una forma que se adapte a sus intereses y objetivos si se informan sobre las numerosas opciones disponibles y sus efectos sobre el cuerpo y la mente.

Almacenamiento y conservación de la marihuana para su consumo a largo plazo

Para que la marihuana conserve su calidad, potencia y frescura durante mucho tiempo, son esenciales unos métodos de almacenamiento y conservación adecuados. Tanto si eres un cultivador, un paciente medicinal o un consumidor recreativo, saber cómo almacenar y mantener la marihuana adecuadamente es crucial para garantizar una experiencia positiva. En esta sección, veremos las variables que afectan a la capacidad de la marihuana para conservar la calidad y la potencia con el paso del tiempo, la importancia de un almacenamiento adecuado y las mejores estrategias para hacerlo.

Los cannabinoides y los terpenos son susceptibles a la degradación por la luz, especialmente la radiación ultravioleta (UV), que reduce su potencia y sabor. Es esencial proteger la marihuana de la luz solar directa para detener su deterioro.

El oxígeno puede iniciar reacciones de oxidación que degradan los cannabinoides y cambian la composición química de la marihuana. La potencia, el sabor y el aroma pueden perderse cuando algo se expone al aire. La exposición al oxígeno se reduce utilizando técnicas de almacenamiento adecuadas.

La calidad de la marihuana almacenada puede verse afectada negativamente por temperaturas y variaciones extremas. Mientras que el exceso de humedad puede favorecer la aparición de moho, las altas temperaturas pueden acelerar la degradación del cannabis. Para mantener intacta la calidad de la marihuana, debe almacenarse en un entorno regulado.

La marihuana conserva su potencia y beneficios terapéuticos a lo largo del tiempo minimizando la degradación de los cannabinoides mediante un almacenamiento cuidadoso. Para los usuarios medicinales que dependen de una dosificación constante, esto es especialmente crucial.

Los olores y aromas distintivos de las distintas variedades de marihuana contribuyen al efecto general. Utilizar buenas prácticas de conservación preserva estas características y aumenta la satisfacción del consumidor con el producto.

El moho puede crecer como consecuencia de la humedad, poniendo en peligro la salud humana y disminuyendo la calidad de la marihuana. El riesgo de contaminación por moho puede reducirse considerablemente utilizando técnicas de almacenamiento adecuadas.

La marihuana de alta calidad requiere tiempo, dinero y esfuerzo para cultivarla o comprarla, por lo que debe almacenarse para su uso futuro. Un almacenamiento eficaz previene la degradación o putrefacción de recursos de valor incalculable, evitando su desperdicio.

Para evitar la exposición al aire, la luz y la humedad, utilice recipientes herméticos y opacos de cristal o plástico de alta calidad. Los tarros de cristal o los recipientes especiales con tapas herméticas son excelentes opciones.

Elija un lugar fresco, seco y protegido del sol. Evite los lugares con cambios de temperatura, como los situados cerca de calefactores o frigoríficos, ya que pueden degradar la calidad de la marihuana.

Mantenga el nivel de humedad adecuado para evitar la aparición de moho. En general, se aconseja una humedad relativa del 55 al 62%. Los paquetes Boveda o las herramientas para controlar la humedad pueden ayudar a controlar la humedad en los recipientes de almacenamiento.

La manipulación habitual de la marihuana puede provocar la transferencia de aceites, suciedad y humedad, lo que reduce la calidad del producto. Para mantener la potencia y la limpieza del cogollo, limite el contacto innecesario.

Los paquetes de gel de sílice o arroz desecante pueden ayudar a los recipientes de almacenamiento a absorber la humedad adicional. Esto evita la formación de moho y alarga la vida de la marihuana.

Aunque el enfriamiento a corto plazo puede ayudar a mantener la marihuana fresca, normalmente no se aconseja congelarla. Los diminutos tricomas pueden resultar dañados por la congelación, que también puede cambiar la textura y la calidad de los cogollos.

La marihuana que se ha secado y curado adecuadamente tiene más probabilidades de mantener su sabor y potencia. Utiliza los métodos de secado y curado adecuados para conseguir la máxima calidad antes de guardarla.

Etiquete los recipientes de almacenamiento con información importante para hacer un seguimiento de la edad y la cepa de la marihuana. Esto te permitirá establecer prioridades de consumo y te garantizará que utilizas los productos más antiguos antes que los más nuevos.

Compruebe si los cogollos de marihuana tienen moho o decoloración observando su aspecto. Los cogollos sanos deben mostrar pocos síntomas de deterioro, tener tonalidades brillantes y tricomas intactos.

El sabor y el aroma de la marihuana pueden revelar su calidad. Mientras que la marihuana que se degrada puede emitir un olor rancio o a humedad, la marihuana fresca debe oler distinta y deliciosa.

Utiliza kits de análisis caseros o envía muestras a un laboratorio para que las analicen si buscas información precisa sobre la potencia. Esto se puede utilizar para estimar los niveles de THC y CBD de la marihuana que se ha conservado.

En conclusión, es fundamental almacenar y conservar adecuadamente la marihuana para preservar su calidad, potencia y frescura para su uso a largo plazo. Las personas pueden garantizar que su marihuana mantenga sus beneficios terapéuticos, sabor y aroma limitando la exposición a la luz, el aire, el calor y la humedad. La integridad del producto se preservará si se siguen las mejores prácticas, incluido el uso de recipientes herméticos, el almacenamiento en una zona fresca y oscura, el control de los niveles de humedad y la evitación de una manipulación excesiva. La marihuana puede consumirse en su mejor momento si se evalúan de forma rutinaria la calidad y la vida útil. Utilizando estos métodos de conservación y almacenamiento, los usuarios pueden sacar el máximo partido a su inversión en marihuana y disfrutarla al máximo durante más tiempo.

Capítulo XI

Solución de problemas y cuestiones comunes

Resolución de los problemas más comunes que surgen durante el cultivo

El cultivo de cannabis puede ser una actividad placentera y gratificante, pero no está exenta de desafíos. Los cultivadores pueden encontrarse con una serie de problemas a lo largo del ciclo de crecimiento que podrían afectar al bienestar y la productividad de sus plantas. En esta sección se analizarán los problemas más comunes que surgen durante el cultivo de marihuana, como las deficiencias de nutrientes, las plagas, el estrés ambiental y las enfermedades. Examinaremos las causas fundamentales, los síntomas visibles y las soluciones viables para cada problema, proporcionando a los cultivadores la información y los recursos que necesitan para diagnosticar y superar estos retos.

El amarilleamiento de las hojas, la ralentización del crecimiento y la disminución de la vitalidad son signos de carencia de nitrógeno. La insuficiencia de nitrógeno en el suelo podría ser la raíz del problema. Para resolverlo, hay que añadir al suelo sustitutos orgánicos, como compost o estiércol, o abonos ricos en nitrógeno.

Las hojas de color verde oscuro o violáceo, el retraso de la floración y el escaso desarrollo de los cogollos son indicios de déficit de fósforo. Los cultivadores pueden solucionarlo añadiendo fertilizantes ricos en fósforo o utilizando recursos naturales como la harina de huesos.

La falta de potasio provoca tallos débiles, amarilleamiento y pardeamiento de los bordes de las hojas y disminución del rendimiento. El equilibrio de nutrientes puede restablecerse utilizando fertilizantes ricos en potasio o añadiendo sulfato potásico.

La decoloración de las hojas, la clorosis intervenal o el desarrollo deforme pueden ser síntomas de déficit de micronutrientes, como hierro, magnesio o zinc. Estos déficits pueden tratarse añadiendo fertilizantes con micronutrientes adecuados o pulverizaciones foliares.

Los pequeños insectos chupadores de savia conocidos como pulgones son los responsables de las hojas rizadas, el crecimiento limitado y los restos de melaza. El aceite de neem, los jabones insecticidas y la introducción de insectos beneficiosos como mariquitas o crisopas son ejemplos de medidas de control.

Los ácaros araña son pequeños insectos que se alimentan de la savia de las plantas y provocan la pérdida de hojas, manchas amarillas y telarañas. Los ácaros pueden eliminarse con ayuda de acaricidas o jabones insecticidas, y mantener un ambiente limpio y húmedo evita su infestación.

En el suelo húmedo, los mosquitos de los hongos ponen sus huevos, que eclosionan en larvas que se alimentan de los pelos de las raíces. Para controlar las poblaciones de mosquitos, se pueden utilizar tarjetas adhesivas amarillas, trampas adhesivas y nematodos beneficiosos.

Las cicatrices plateadas, el crecimiento deformado y las hojas bronceadas o plateadas son síntomas de trips. Las infestaciones de trips pueden controlarse con éxito utilizando jabones insecticidas, aceite de neem o ácaros depredadores.

Las altas temperaturas pueden aumentar la susceptibilidad a plagas y enfermedades, las carencias de nutrientes y el marchitamiento. Este problema puede reducirse proporcionando suficiente ventilación, sombreando y utilizando técnicas de control de la temperatura como ventiladores o aire acondicionado.

Las plantas estiradas y con las patas largas pueden ser el resultado de una luz insuficiente, mientras que la quemadura de las hojas y el retraso del desarrollo pueden deberse a un exceso de luz. Mantener unas condiciones de iluminación ideales puede facilitarse ajustando la distancia de la luz, utilizando superficies reflectantes o mejorando el equipo de iluminación.

Mientras que la humedad baja puede causar desequilibrios nutricionales y marchitamiento, la humedad alta favorece la aparición de moho y hongos. Los niveles de humedad pueden controlarse utilizando deshumidificadores o humidificadores, una buena ventilación y manteniendo un flujo de aire adecuado.

Las manchas blancas y pulverulentas en las hojas indican la presencia de oídio, que afecta a la fotosíntesis y a la salud general de la planta. Esta enfermedad fúngica puede prevenirse y controlarse con la ayuda de fungicidas, una ventilación suficiente y el mantenimiento de una atmósfera limpia.

La podredumbre de los brotes, el moho gris y el olor a humedad son síntomas de botrytis. Se puede evitar la propagación de esta enfermedad fúngica podando las zonas afectadas, reduciendo la humedad y asegurándose de que la circulación de aire es adecuada.

La podredumbre de la raíz, que provoca el marchitamiento, el amarilleamiento de las hojas y el retraso del desarrollo, se debe al riego excesivo o a un suelo mal drenado. La podredumbre de las raíces puede reducirse modificando las técnicas de riego, mejorando el drenaje del suelo y utilizando bacterias beneficiosas.

En conclusión, es inevitable que los cultivadores de marihuana experimenten problemas durante el proceso de cultivo. Sin embargo, los cultivadores pueden resolver los problemas rápidamente y garantizar el crecimiento satisfactorio de sus plantas si son conscientes de los retos típicos y de las herramientas eficaces para solucionarlos. Los cultivadores pueden maximizar su producción y crear plantas de marihuana sanas y vibrantes conociendo las deficiencias de nutrientes, poniendo en práctica técnicas de control de plagas, reduciendo el estrés ambiental y previniendo y tratando las infecciones. Tenga en cuenta que las claves para solucionar problemas y mantener un jardín de marihuana floreciente son la supervisión rutinaria, la actuación rápida y el mantenimiento de métodos de cultivo adecuados.

Tratar el estrés de las plantas, los desequilibrios de nutrientes y otros problemas

Aunque tiene sus recompensas, el cultivo de marihuana no está exento de dificultades. Las plantas de cannabis son propensas a diversos tipos de estrés, desequilibrios nutricionales y otros problemas que pueden afectar a su desarrollo y a su salud en general. En esta sección se tratarán los problemas habituales que surgen durante la producción de marihuana, como los factores estresantes de la planta, las deficiencias y los excesos nutricionales, los desequilibrios del pH y otros problemas asociados. Examinaremos las causas fundamentales, los signos externos y las soluciones prácticas para cada problema, dotando a los agricultores de la información y los recursos necesarios para gestionar estos problemas y garantizar un desarrollo óptimo de la planta.

Factores de Estrés para las Plantas:

Las plantas de cannabis pueden estresarse por condiciones ambientales como temperaturas extremas, estrés lumínico, cambios de humedad y mala circulación del aire. Estos factores de estrés pueden reducirse mediante la sensibilización sobre las condiciones ambientales ideales para el cannabis y la adopción de medidas como la gestión de la temperatura, una iluminación adecuada, el control de la humedad y una ventilación apropiada.

La podredumbre de las raíces, el marchitamiento, los desequilibrios nutricionales y el retraso del crecimiento pueden ser consecuencia del riego excesivo o del riego insuficiente de las plantas. Se puede evitar el estrés hídrico y promover el desarrollo saludable de las plantas vigilando los niveles de humedad del suelo, permitiendo un drenaje suficiente y siguiendo las técnicas de riego adecuadas en función de la etapa de crecimiento de la planta.

El trasplante de plantas de marihuana puede provocar estrés debido a la alteración de las raíces. Reduzca el impacto del trasplante y favorezca una buena adaptación de las plantas limitando los daños en las raíces, aportando agua y nutrientes suficientes y manteniendo un entorno de cultivo estable.

Desequilibrios Nutricionales:

El nitrógeno, el fósforo, el potasio y los micronutrientes como el hierro, el magnesio y el zinc son deficiencias nutricionales comunes en las plantas de marihuana. Estos desequilibrios pueden corregirse y garantizar un crecimiento sano de las plantas identificando los signos de carencia de nutrientes, realizando análisis del suelo y de los tejidos e implementando procedimientos de fertilización adecuados.

El nitrógeno, en particular, cuando está presente en cantidades excesivas, puede causar quemaduras nutricionales, pardeamiento de las hojas y disminución de la salud de las plantas. Se pueden evitar los excesos de nutrientes y mantener una absorción adecuada de los mismos equilibrando las concentraciones de nutrientes, lavando el suelo para eliminar las sales sobrantes y modificando las dosis de abono en función de las necesidades de las plantas.

El pH influye mucho en la disponibilidad y absorción de nutrientes. El bloqueo de nutrientes puede deberse a desviaciones del intervalo de pH, que pueden dar lugar a toxicidades o deficiencias. Para garantizar una ingesta óptima de nutrientes y evitar los desequilibrios relacionados con el pH, es necesario

Enfermedades y Plagas:

Plagas como los pulgones, los ácaros, los mosquitos de los hongos y los trips pueden dañar las plantas de marihuana. Implementar técnicas de gestión integrada de plagas, como un buen saneamiento, inspecciones rutinarias, el uso de depredadores naturales y la aplicación de plaguicidas específicos, puede ayudar a gestionar y prevenir las infestaciones de plagas.

Las plantas de cannabis pueden infectarse con bacterias, oídio, moho gris (Botrytis) y otras enfermedades. Para prevenir y controlar las enfermedades, puede ser útil mantener unos niveles de humedad adecuados, fomentar una excelente circulación del aire, practicar la higiene y utilizar fungicidas o bactericidas orgánicos.

Otros problemas:

Las quemaduras por luz, que provocan el blanqueamiento, amarilleamiento o manchas marrones en las hojas, pueden deberse a una intensidad luminosa excesiva. Se pueden evitar las quemaduras por luz y maximizar la fotosíntesis ajustando la distancia entre las luces y las plantas, utilizando difusores de luz o pantallas y asegurándose de que haya una distribución adecuada de la luz.

Los métodos ineficaces de poda o formación pueden estresar a las plantas y repercutir negativamente en su crecimiento. Es posible fomentar un desarrollo sano de la copa y la máxima penetración de la luz comprendiendo los conceptos de poda y formación, utilizando las técnicas adecuadas, como el topping y el recorte de las hojas en abanico, y empleando técnicas de sujeción de las plantas, como el empostado el doblado.

Las dificultades agrícolas específicas pueden deberse a características genéticas particulares o a variantes fenotípicas. La solución de los problemas específicos de cada cepa puede facilitarse mediante la sensibilización sobre los rasgos y patrones de crecimiento de las distintas cepas de cannabis, la elección de la genética que proporcionará los resultados deseados y la modificación de las prácticas de producción en consecuencia.

En conclusión, el cultivo de plantas de marihuana sanas requiere una observación cuidadosa, una actuación rápida y un conocimiento profundo de las tensiones potenciales, los desequilibrios de nutrientes y los problemas asociados. Los cultivadores pueden garantizar el desarrollo satisfactorio de sus plantas de cannabis haciendo frente a las tensiones ambientales, conservando buenos métodos de riego, regulando los desequilibrios de nutrientes, previniendo y gestionando las plagas y enfermedades, y resolviendo otros problemas relacionados. Los jardines de cannabis florecerán y producirán rendimientos de alta calidad si se siguen las mejores prácticas, se mantiene un ambiente saludable y se toman precauciones preventivas.

Buscar ayuda y recursos para obtener más asistencia

Cultivar marihuana puede ser un proceso difícil y complicado que requiere que los cultivadores tengan conocimientos y habilidades en una variedad de áreas. Aunque muchos cultivadores emprenden este camino con vigor y pasión, es crucial darse cuenta de que el apoyo y los recursos son fácilmente accesibles para ayudarles en sus esfuerzos. En esta sección se hablará del valor de pedir ayuda, de las ventajas de utilizar recursos y de los numerosos canales que los agricultores pueden utilizar para ello. Utilizando estos materiales beneficiosos, los cultivadores pueden profundizar en su aprendizaje, resolver problemas con éxito y, en última instancia, cultivar plantas de marihuana fuertes y productivas.

Los cultivadores pueden acceder a una gran reserva de información y experiencia pidiendo ayuda, lo que puede mejorar enormemente su comprensión del crecimiento de la marihuana. Pedir consejo abre las puertas a nuevas ideas y perspectivas, ya sea para comprender diversos métodos de cultivo, abordar problemas concretos o investigar procedimientos creativos.

Los cultivadores con experiencia se han enfrentado a diversas dificultades y han aprendido de ellas, por lo que pueden ofrecer consejos y orientación útiles. Los cultivadores novatos pueden evitar errores y peligros frecuentes pidiendo ayuda, lo que también les ayudará a ahorrar tiempo, esfuerzo y recursos.

Relacionarse con otros cultivadores, profesionales del sector y aficionados abre las puertas a la creación de redes y comunidades. El intercambio de experiencias, ideas y recursos puede crear un entorno amistoso y ventajoso para todas las partes. Dentro de la comunidad de cultivadores, la colaboración y el intercambio de conocimientos suelen traducirse en innovación y progreso.

Los productores de cannabis pueden conectarse, recibir consejos y compartir experiencias en foros y comunidades en línea dedicados a la actividad. Los cultivadores pueden interactuar con una amplia comunidad de cultivadores a través de sitios web como Reddit, foros en línea y grupos en las redes sociales. También pueden hacer preguntas y obtener respuestas y sugerencias inmediatas.

Unirse a asociaciones y organizaciones para profesionales del sector de la marihuana puede proporcionar acceso a una gran variedad de información y asistencia. Estas asociaciones suelen ofrecer acceso a datos de mercado, recursos educativos, reuniones sociales y asesoramiento profesional.

Algunos ejemplos son las sociedades hortícolas, las organizaciones regionales de cultivadores de cannabis y la Asociación Nacional de la Industria del Cannabis (NCIA).

Asistir a talleres, seminarios y conferencias relacionados con el cultivo de marihuana puede ofrecer oportunidades inestimables para la educación y la creación de redes. Los cultivadores pueden aprender información útil y establecer contactos con profesionales destacados en estas conferencias, que cuentan con ponentes expertos, talleres interesantes y demostraciones prácticas.

La literatura sobre el cultivo de marihuana está ampliamente disponible e incluye libros detallados, manuales prácticos y artículos académicos. Estas fuentes proporcionan información sobre temas como métodos de producción, control de insectos, optimización de nutrientes y detalles específicos de cada variedad. A lo largo del proceso de cultivo, acceder a materiales bien investigados y creíbles puede ser un recurso fiable.

Una consulta profesional con un experto en producción de marihuana es algo que los cultivadores pueden hacer. Estos profesionales tienen profundos conocimientos y experiencia, y sus consejos pueden servir para resolver problemas, mejorar las técnicas de cultivo y aumentar los rendimientos. Las consultas pueden ser presenciales o virtuales y pueden ofrecer una orientación especializada adaptada a las necesidades del cultivador.

Puede ser muy útil ponerse en contacto con agricultores locales bien informados, sobre todo cuando se trata de conocer los problemas locales, los factores climáticos y la selección de variedades. Entablar contactos con cultivadores locales abre la puerta a oportunidades de tutoría, visitas sobre el terreno y el intercambio de métodos de cultivo especializados en la región.

Los cultivadores pueden beneficiarse enormemente de los recursos que ofrecen los servicios de extensión agraria, que suelen estar conectados con universidades e instalaciones de investigación. Estos programas ofrecen asesoramiento profesional, sugerencias basadas en pruebas y acceso a equipos de diagnóstico para identificar plagas y enfermedades. Los especialistas en extensión pueden ofrecer asistencia individualizada y ayudar a los agricultores a mejorar sus métodos agrícolas.

Las organizaciones gubernamentales y las autoridades reguladoras pueden ofrecer asesoramiento sobre el cumplimiento, la concesión de licencias y los requisitos legales en las zonas donde el cultivo de marihuana está regulado. Estos recursos garantizan que los cultivadores conozcan las licencias, las leyes de zonificación y los procedimientos de seguridad necesarios para el cultivo legal.

Para el cultivo de cannabis, tanto los laboratorios públicos como los privados ofrecen servicios de pruebas y análisis. Estos servicios incluyen análisis de residuos de pesticidas, nutrientes, potencia y suelo. Los cultivadores pueden saber más sobre la salud de sus plantas y determinar las mejores técnicas de cultivo utilizando estas herramientas.

En conclusión, para que la producción de marihuana tenga éxito es esencial pedir ayuda y acceder a los recursos. Los cultivadores pueden ganar mucho con la abundancia de apoyo disponible, desde aprender más y evitar errores hasta establecer contactos y obtener experiencia profesional. Hay un gran número de herramientas disponibles para apoyar a los cultivadores en cada etapa de su viaje, incluidos foros en línea, asociaciones profesionales, talleres, publicaciones, consultas y recursos gubernamentales. Utilizar estas herramientas ayudará a los cultivadores a superar obstáculos, mejorar sus métodos y criar plantas de marihuana robustas y sanas.

Conclusión

Recapitulación de los pasos esenciales para cultivar marihuana con éxito

El cultivo de marihuana es un proceso complejo que aporta muchos beneficios y requiere una planificación meticulosa, una gran atención al detalle y un profundo conocimiento de las necesidades de la planta. En esta sección, repasaremos los procesos más importantes necesarios para cultivar marihuana con éxito. Estos pasos incluyen desde la preparación de la planta y la germinación hasta la cosecha y el curado del producto final. Los cultivadores pueden garantizar el máximo crecimiento, optimizar los rendimientos y crear marihuana de alta calidad si se adhieren a estos pasos por completo y los siguen en el orden correcto. Adentrémonos en las etapas más importantes del cultivo e investiguemos los aspectos más importantes que contribuyen al éxito.

Los Procesos de Planificación y Preparación

a. Establecer Objetivos Específicos:

Es absolutamente necesario establecer sus objetivos antes de iniciar el proceso de cultivo. Determine si pretende cultivar para su uso personal, con fines terapéuticos o para la producción a escala comercial. Las siguientes decisiones que tome en relación con la selección de la cepa, el espacio de cultivo y la asignación de recursos se verán influidas por la claridad de sus objetivos.

b. Elegir la Genética Adecuada:

Seleccionar la genética de cannabis adecuada es absolutamente necesario para lograr los objetivos que uno se propone con la planta. Piensa en cosas como las características de la cepa, cómo crece, cuánto THC y CBD contiene y lo resistente que es a enfermedades y plagas. Tanto si optas por las variedades índica o sativa como por las híbridas, debes asegurarte de que las variedades que elijas sean compatibles con tus objetivos de cultivo y el entorno en el que pretendes cultivarlas.

c. Planificar y organizar la zona que se utilizará para el cultivo:

Crea una atmósfera óptima para tus plantas de marihuana. Ten en cuenta aspectos como la exposición a la luz, la temperatura, la humedad y la ventilación a la hora de decidir si vas a cultivar tus plantas en interior o en exterior. Planifica la distribución del espacio para que permita el crecimiento de las plantas, que haya suficiente circulación de aire y que exista un acceso adecuado a recursos como el agua y la electricidad.

Germinación y Etapa de las Plántulas Jóvenes

a. *Técnicas de Germinación:*

La germinación puede lograrse de varias maneras, como poniendo las semillas directamente en el suelo, utilizando cubos de germinación o propagando las semillas en toallas de papel. Debe seleccionar un método que se adapte a sus preferencias y a su nivel de experiencia. Para aumentar la probabilidad de una germinación eficaz, el entorno debe mantenerse cálido y húmedo. Además, en esta etapa, las semillas deben recibir cantidades suficientes de oxígeno, humedad y oscuridad.

b. *El Cuidado de las Plántulas:*

Una vez germinadas las semillas, las plántulas deben trasplantarse al medio en el que seguirán creciendo. Puede ser tierra o un sistema hidropónico. Para evitar que las plántulas se estresen, utilice una fuente de luz de baja intensidad y aumente gradualmente su luminosidad. Para favorecer el desarrollo de plántulas sanas, es importante controlar los niveles de temperatura y humedad, así como mantener los niveles de humedad en los niveles óptimos.

Crecimiento Vegetativo

a. La Iluminación y el Fotoperiodo:

Las plantas de marihuana necesitan una cantidad suficiente de luz mientras están en la etapa vegetativa para que puedan desarrollar hojas sanas. Es importante proporcionar una fuente de luz adecuada, como lámparas de descarga de alta intensidad (HID) o diodos emisores de luz (LED), y mantener un fotoperiodo estable de 18 a 24 horas de luz al día. Ajuste la distancia que separa las luces de las plantas para reducir el riesgo de estrés térmico y favorecer un desarrollo sano de las plantas.

b. Gestión de Nutrientes:

Para fomentar un crecimiento vegetativo robusto en las plantas, proporcióneles una solución nutritiva que esté bien equilibrada. Asegúrese de que la solución nutritiva tenga un pH equilibrado y de que contenga macronutrientes vitales (nitrógeno, fósforo y potasio) y micronutrientes esenciales. Para minimizar las quemaduras nutricionales, es importante controlar las cantidades de nutrientes, hacer los ajustes necesarios y evitar la sobrealimentación.

c. Poda y Formación:

Los métodos de formación y poda, como el topping, el fimming y la formación de bajo estrés (LST), tienen el potencial de mejorar el desarrollo de la canopia, fomentar un crecimiento uniforme y aumentar el nivel de luz que puede penetrar en la canopia. Para alcanzar el máximo potencial de rendimiento, es importante podar sistemáticamente el follaje inferior y dirigir el crecimiento hacia las colas principales. Además, es importante crear estructuras de soporte, como espalderas o estacas, para mantener la planta estable.

Etapa de Floración

a. Ajuste del Ciclo de Luz:

Mediante la manipulación del ciclo de luz, puedes hacer que las plantas pasen de la etapa de crecimiento vegetativo a la etapa de floración. Reduzca la cantidad de exposición a la luz de forma que haya 12 horas de luz seguidas de 12 horas de oscuridad sin interrupción. Es importante mantener el ciclo de luz constante para evitar el estrés y garantizar que la floración comience de la forma correcta.

b. Consideraciones Medioambientales

Durante la etapa de floración, es importante mantener la temperatura y la humedad en los niveles adecuados para evitar la aparición de moho. Es absolutamente esencial que haya suficiente circulación de aire y ventilación si quieres reducir el riesgo de plagas e infecciones. Además, es importante vigilar las plantas para detectar cualquier indicio de carencia o exceso de nutrientes y adaptar el programa de alimentación en consecuencia.

c. Momento del Lavado y de la Cosecha

Cuando las plantas se acercan al final de la etapa de floración, se debe iniciar un período de lavado dándoles sólo agua pura y con un pH equilibrado. Los cogollos recolectados tendrán un mejor sabor y calidad general tras el proceso de lavado, que elimina cualquier nutriente superfluo. Para aprovechar al máximo los beneficios potenciales y la potencia de la planta, hay que cosecharla en el momento adecuado, teniendo en cuenta el tiempo que tardó la cepa en florecer y lo maduros que estaban sus tricomas.

Cosecha y Cuidados Post-Cosecha

a. Técnicas de Cosecha:

Al cosechar, corte las plantas por la base con cuidado, asegurándose de causar el menor daño posible a los cogollos. Para preservar la limpieza y evitar la contaminación, es esencial utilizar equipos afilados y estériles. Retire las hojas sobrantes de la planta y corte los cogollos lejos de las ramas para crear más espacio de ventilación y mejorar las condiciones de secado.

b. El Proceso de Secado y Curado:

Los cogollos recortados deben colgarse en una zona oscura, seca y bien ventilada, y deben controlarse los niveles de temperatura y humedad. Procure que el proceso de secado sea largo para mantener el sabor y evitar la producción de moho. Una vez bien secos, los cogollos deben curarse en recipientes que impidan la salida del aire, y los recipientes deben abrirse de vez en cuando para que pueda salir el exceso de humedad y se desarrollen los sabores y olores deseados.

c. *Conservación y Almacenamiento:*

Para que los cogollos curados conserven su potencia y calidad, deben guardarse en recipientes herméticos en un lugar fresco, oscuro y seco. Para mantener el nivel adecuado de humedad y evitar la aparición de moho, puede utilizar paquetes de humedad u otros dispositivos que controlen la humedad. Esté siempre atento a cualquier síntoma evidente de degeneración en los cogollos almacenados y realice las modificaciones necesarias.

En conclusión, para cultivar marihuana con éxito, uno debe tener un conocimiento profundo de los procesos fundamentales involucrados, comenzando con las etapas de planificación y preparación y continuando a través de las fases de cosecha y cuidado post-cosecha. Los cultivadores pueden maximizar el crecimiento de sus plantas, lograr los máximos rendimientos y crear marihuana de alta calidad siguiendo cuidadosamente los métodos descritos en este libro electrónico. En cada etapa del proceso de cultivo, se requiere una atención meticulosa a los detalles, las condiciones ambientales ideales, la gestión experta de fertilizantes, y la adhesión constante a las normas de la industria. Los cultivadores pueden asegurar una carrera gratificante y exitosa en la industria de la producción de marihuana mediante el uso persistente de estos conceptos y la ampliación continua de sus conocimientos de la industria.

Animar a los principiantes a emprender su viaje de crecimiento

Iniciar el camino del cultivo de marihuana puede ser una experiencia emocionante y gratificante para las personas que acaban de empezar. Cultivar tu propia marihuana proporciona una gran cantidad de ventajas, como la oportunidad de crear cepas únicas en su especie, una sensación de autosuficiencia y un control total sobre la calidad del producto. Sin embargo, para las personas que no están familiarizadas con el mundo del cultivo, puede ser una tarea muy intimidante. En esta sección, investigaremos las diversas razones por las que los novatos en el proceso de cultivo deberían animarse a iniciar su viaje. Hablaremos de los beneficios personales y prácticos de cultivar tu propia marihuana, así como de la oportunidad de educación que ofrece y de las herramientas que están disponibles para ayudar a los novatos en el camino.

Ventajas Personales Asociadas al Cultivo de Marihuana

a. Suficiencia en las Propias Necesidades e Independencia:

Cultivar tu propio cannabis te permite ser más autosuficiente y depender menos de otras personas o lugares para satisfacer tus necesidades de cannabis, ya que esto elimina la necesidad de comprarlo a terceros. Gracias a esta independencia, puedes ejercer un control total sobre el proceso de cultivo, garantizando así que el producto final sea de la mayor calidad y seguridad posibles.

b. Reducción de Gastos:

Cultivar tu propia marihuana en casa puede ser una opción más asequible que comprarla en un dispensario o a un distribuidor. Los principiantes pueden producir una cantidad considerable de marihuana a un coste que es sólo una parte del precio de mercado si se toman el tiempo necesario para planificar e invertir en el equipo adecuado.

c. Personalización y Variedad:

Como cultivador, tienes la posibilidad de elegir entre una enorme variedad de cepas, y también puedes adaptar las técnicas de cultivo que utilizas a tus preferencias individuales. Si te gustan los beneficios vigorizantes de las cepas sativa o las características calmantes de las cepas índica, producir tu propio cannabis te da la libertad de experimentar y encontrar las cepas que mejor se adapten a tus preferencias y necesidades individuales.

Oportunidades de Formación y Desarrollo Personal

a. Comprensión de la Planta:

Iniciar el proceso de cultivar tu propia marihuana supone una oportunidad única para ampliar considerablemente tus conocimientos sobre la planta. Adquirirás conocimientos sobre su ciclo vital, los nutrientes que requiere, las condiciones ambientales que debe tener, así como los elementos que conducen a un crecimiento ideal. Como ahora posees esta información, tienes la capacidad de convertirte en un cultivador experto y establecer una relación profunda con la planta.

b. *Habilidades de Cultivo:*

El cultivo de marihuana requiere una gran variedad de habilidades prácticas, como el cuidado de las plantas, el riego, la gestión de la nutrición y el control de plagas, que pueden desarrollarse a lo largo del proceso. Podrás aplicar estas habilidades a diversos aspectos de la jardinería o la horticultura, lo que aumentará tanto el alcance de tus conocimientos como la profundidad de tus habilidades como jardinero.

c. *Capacidad para Resolver Problemas y Adaptabilidad:*

El cultivo de marihuana conlleva diversos retos y obstáculos, como el déficit de nutrientes, las plagas y las variaciones medioambientales. Si eres capaz de superar estos retos, desarrollarás la capacidad de resolver problemas, adaptarte a las circunstancias cambiantes y seguir siendo resistente. La superación de estos obstáculos puede reforzar la confianza en sí mismo y, al mismo tiempo, proporcionarle habilidades esenciales que podrá utilizar en otros aspectos de su vida.

Recursos Útiles para Principiantes

a. *Redes Sociales y Foros En Línea:*

Internet ofrece una gran cantidad de información y recursos para los que empiezan. La participación en comunidades y foros en línea proporciona un lugar para el intercambio de información, la formulación de preguntas y la búsqueda de orientación de cultivadores con más experiencia. Participar en estas comunidades permite a los novatos establecer contactos con personas que comparten intereses similares, adquirir conocimientos a partir de las experiencias de usuarios más experimentados y recibir apoyo y ánimos a lo largo del camino.

b. *Recursos Didácticos y Publicaciones Literarias:*

Existe una plétora de literatura accesible en forma de libros, guías y publicaciones que abordan todas las partes del proceso de producción de marihuana. Estos recursos ofrecen información detallada sobre diversos temas, como los métodos de cultivo, la selección de variedades, la gestión de plagas y la cosecha. Dedicar tiempo a la lectura y a la investigación puede ayudarte a aumentar tu base de conocimientos, lo que a su vez te ayudará a tomar decisiones fundamentadas a medida que avanzas en tu camino de desarrollo personal.

c. *Asociaciones Locales de Jardineria:*

Participar en organizaciones hortícolas o grupos de jardinería de su comunidad puede proporcionarle conocimientos y apoyo de valor incalculable. Estos grupos organizan con frecuencia talleres, seminarios y otros actos, y ofrecen a los participantes la oportunidad de aprender de cultivadores experimentados y establecer contactos con otros cultivadores de la zona. Crear una red de contactos en la comunidad no sólo ayuda a cultivar un sentimiento de camaradería, sino que también abre la puerta a oportunidades de tutoría y colaboración.

d. *Consultas Profesionales:*

Las consultas con horticultores o personas especializadas en el cultivo de cannabis pueden resultar muy útiles para los principiantes que buscan una instrucción individualizada. Estas sesiones proporcionan una orientación individualizada que se basa en las condiciones de crecimiento particulares del cliente y aborda cualquier problema o dificultad a la que éste pueda enfrentarse. Estará más preparado para tener éxito en sus actividades de cultivo si busca el asesoramiento de profesionales. Éstos pueden ofrecerle información sobre procedimientos avanzados, gestión de nutrientes y resolución de problemas.

En conclusión, empezar a cultivar marihuana como principiante puede parecer intimidante, pero el viaje merecerá la pena por las recompensas y beneficios que ofrece. Cultivar marihuana es una empresa que no sólo es fascinante, sino también gratificante en múltiples niveles, incluso a nivel personal, en términos de beneficios personales, posibilidades de aprendizaje y recursos accesibles. Los principiantes tienen la capacidad de desarrollar su propia marihuana de alta calidad y experimentar la satisfacción de una buena cosecha si comienzan sus esfuerzos a una escala modesta, buscan el apoyo de sus comunidades y se arman de conocimientos. Por lo tanto, animo a aquellos de ustedes que están empezando a dar ese paso inicial, a dar la bienvenida a la oportunidad de aprender, y a deleitarse con la satisfacción que viene de cultivar su propia marihuana. Su viaje está a punto de comenzar.

Reflexiones Finales y Consejos para una Experiencia Gratificante

En el transcurso de este viaje, hemos cubierto mucho terreno en lo que respecta a los diversos aspectos del cultivo de marihuana, desde los fundamentos del cuidado de las plantas hasta la resolución de problemas comunes. A medida que nos acercamos al final de este libro electrónico, es importante echar la vista atrás a los puntos de vista más importantes y ofrecer algunas opiniones finales junto con algunas recomendaciones para tener una experiencia satisfactoria como cultivador de marihuana. Podrás maximizar tus rendimientos, mejorar la calidad de tu cosecha y fomentar una relación más profunda con la planta si la cultivas según estos principios y los incorporas a tus rutinas.

Paciencia y Persistencia:

El cultivo de marihuana requiere paciencia y dedicación. Es esencial tener en cuenta que convertirse en un experto en este campo llevará algún tiempo. No debes dejar que los fracasos o las dificultades del principio te desanimen. Considéralos, por el contrario, oportunidades para el desarrollo personal y el avance académico. Acepta el proceso y afronta cada etapa del ciclo de cultivo con una mentalidad optimista.

Desarrollar Constantemente Nuevas Habilidades y Tácticas:

El campo del cultivo de marihuana siempre está moviéndose y haciéndose más avanzado. Periódicamente se descubren y desarrollan nuevos métodos, tecnologías y variedades. Mantén la mente abierta y el compromiso de aprender a lo largo de tu viaje. Participa en redes en línea, asiste a talleres y mantente al día de las publicaciones relevantes del sector. Si se mantiene al día, podrá modificar sus técnicas agrícolas para que tengan en cuenta los descubrimientos e innovaciones más recientes.

Experimentación y Exploración:

Cultivar tu propia marihuana te da la libertad de probar cosas nuevas, que es una de las muchas razones por las que es tan agradable. Es importante no tener miedo a experimentar con diferentes cepas, métodos de crecimiento o regímenes de fertilizantes cuando se cultiva cannabis. Llevar un diario en el que describas tus experiencias y tomes notas sobre lo que funciona bien y lo que no es muy recomendable. Experimentar no sólo aumentará tus conocimientos, sino que también te llevará a descubrimientos e ideas originales para ti como individuo.

Sostenibilidad Medioambiental:

Como cultivadores responsables, es esencial que hagamos hincapié en la conservación del medio ambiente. Ten en cuenta la implementación de medidas respetuosas con el medio ambiente, como la conservación del agua, el uso de métodos orgánicos para controlar las plagas y la instalación de sistemas de iluminación energéticamente eficientes. Puedes contribuir positivamente a la salud de nuestro mundo a largo plazo y a la sostenibilidad general del negocio del cannabis reduciendo el impacto medioambiental que dejas tras de ti.

Cultivar la Atención Plena y el Sentido de la Conexión:

Cultivar tu propia marihuana te brinda la oportunidad de cultivar una relación más significativa con el mundo natural y practicar la atención plena. Pasa algún tiempo con tus plantas, observando cómo se desarrollan y apreciando la belleza que producen. Involucra tus sentidos tomando nota de los muchos colores, olores y texturas. Esta conexión no sólo mejora la calidad de tu cultivo, sino que también ayuda a fomentar una sensación de paz y bienestar general en tu vida.

Entabla Conversaciones con los Demás y Comparte:

A medida que adquieras experiencia y conocimientos, debes pensar en cómo puedes beneficiar a los demás compartiendo las ideas y experiencias que has adquirido. Participa en conversaciones dentro de la comunidad de personas que consumen marihuana, ya sea en línea o en persona. Ayudas a crecer a la comunidad en su conjunto contribuyendo al conjunto de conocimientos y hablando de los obstáculos que encuentras, así como de los logros y lecciones que has obtenido al superar esos retos.

Cumplimiento de Leyes y Reglamentos:

Es absolutamente necesario informarse sobre las leyes y normativas que regulan la producción de marihuana en su zona y cumplirlas. Mantener una sensibilización sobre los requisitos legales y los límites necesarios para cultivar cannabis te ayudará a garantizar que tus actividades no infringen ninguna ley aplicable. Esto no sólo te salvaguarda de posibles implicaciones legales, sino que también ayuda a legitimar y ganar apoyo para la industria del negocio del cannabis en su conjunto.

Disfruta de los Resultados de tus Esfuerzos:

Por último, tómate un tiempo para apreciar los frutos de tu trabajo y compromiso. Es una experiencia realmente satisfactoria tanto cosechar como consumir la marihuana que has producido en tu propio jardín. Asegúrate de tomarte el tiempo suficiente para probar los sabores, aromas y efectos de los cogollos que tanto te ha costado producir. Envíalos a tus seres queridos y amigos y anímales a disfrutar de los resultados de tu duro trabajo compartiéndolo con ellos.

En conclusión, iniciarse en el mundo del cultivo de marihuana es una experiencia gratificante y satisfactoria. Podrás cultivar marihuana de alta calidad y cultivar una relación significativa con la planta si adoptas los conceptos de paciencia, aprendizaje continuo, experimentación y sostenibilidad medioambiental en tus prácticas de cultivo. Tus contribuciones al crecimiento de los procedimientos de cultivo de cannabis, compartiendo tus experiencias y buscando relaciones dentro de la comunidad son muy apreciadas. Mientras te abres camino en este proceso, no olvides respetar el marco jurídico y saborear los frutos de tu trabajo. Espero que sus esfuerzos de cultivo den resultados fructíferos y que experimente felicidad, plenitud y una mayor sensibilización en cada etapa del proceso.